# 行銷關鍵二十問

精準定位 × 體驗設計 × 品牌溝通 × 數位整合
從顧客需求到品牌信任,打造以人為本的行銷系統

【讓一次交易變為長期關係】
行銷的最終任務是幫顧客說服自己!

數位時代行銷,不再是 4P,而是觸動人心的 5E
顧客體驗決定品牌價值,全程精準設計每一接觸點

尹一丁 著

# 目 錄

◇ 前言　重新定義市場行銷　　　　　　　　　　005

◇ 第一講　什麼才是市場行銷？　　　　　　　　009

◇ 第二講　為什麼市場行銷策略如此重要？　　　021

◇ 第三講　市場行銷策略應該如何規劃？　　　　031

◇ 第四講　客戶真正需要的是什麼？　　　　　　049

◇ 第五講　如何洞察客戶的真實需求？　　　　　063

◇ 第六講　企業該如何創造客戶需求？　　　　　081

◇ 第七講　如何打造一款好產品？　　　　　　　093

◇ 第八講　如何打造產品的差異化？　　　　　　105

◇ 第九講　如何設計優質的產品體驗？　　　　　119

◇ 第十講　如何有效影響客戶的決策？　　　　　131

## 目錄

◇ 第十一講　如何管理整體的客戶體驗？　　145

◇ 第十二講　如何打造品牌？　　157

◇ 第十三講　品牌傳播與定位該怎麼做？　　167

◇ 第十四講　如何管理客戶關係？　　179

◇ 第十五講　如何進行數位化行銷？　　191

◇ 第十六講　如何建立高效的行銷部門？　　203

◇ 第十七講　如何評估市場行銷的成效？　　215

◇ 第十八講　中小企業如何做市場行銷？　　227

◇ 第十九講　B端企業如何推動市場行銷？　　237

◇ 第二十講　「出海」企業如何做市場行銷？　　247

◇ 行銷前瞻　新媒體時代的新行銷策略是什麼？　　255

◇ 參考書目　　275

◇ 致謝　　277

# 前言　重新定義市場行銷

什麼是市場行銷？很多人認為就是做宣傳、打廣告、辦活動或推銷。其實，這些都是市場行銷的一些細節，根本不是市場行銷的本來面目。那什麼是市場行銷？

市場行銷就是真正「以客戶為中心」，透過洞察客戶需求，協作企業各職能部門，為正確的目標客戶長期穩定地提供優質的價值，去解決他們的問題，並在這個過程中和客戶建立互信共榮的緊密關係。

市場行銷的本質不是獲得客戶，或者賣貨給客戶，而是為客戶賦能，透過成就客戶來實現企業自身的長期發展目標。「客戶」、「需求」和「價值」是理解市場行銷的關鍵字，即用優質的「價值」來滿足「客戶」的「需求」。顯然，市場行銷遠遠超出「推銷」、「廣告」和「傳播」的範疇。

具體來說，市場行銷可以從三個層面來理解：首先，市場行銷是一種「以客戶為中心」的企業文化和管理哲學。其次，市場行銷代表一系列推動企業業績成長的策略，如企業、產品和品牌的定位，創新模式，市場的區分和目標市場的選擇，以及各部門如何協作等。最後，市場行銷是具體的戰術操作，也就是廣為人知的市場行銷「4P」，即產品（product)、地點（place）、促銷（promotion）和價格（price）。進入數位化時代，市場行銷還要多一個「P」，也就是客戶關係（people），這樣「4P」便成了「5P」。

很多人對市場行銷有誤解，這並不奇怪。

第一，這個概念的翻譯並不恰當。市場行銷的英文原詞是marketing，其實就是「市場學」，並沒有「行銷」的含義。「市場」就是「客戶」。市場行銷其實應該被翻譯成「市場學」或「客戶學」，這樣才能夠準確地反映出它時刻專注客戶這個內涵。

第二，市場行銷興盛於工業化時代。在那個時代，企業聚焦大規模生產製造和效率，它的核心商業邏輯不是「以客戶為中心」，而是「以企業為中心」，或「以產品為中心」。因此，市場行銷會強調透過傳播和推廣來大規模獲得客戶，然後盡可能快速地把貨賣出去。在數位化時代，這種市場行銷理念顯然已經過時，但因為它流行的時間太久，人們已經形成了既定觀念，改變起來並不容易。

其實，進入數位化時代以後，就是上述的理解也不完全準確。客戶需要的不再是標準化而且相互獨立的「4P」，而是一種貫穿整個消費旅程的無縫優質體驗。事實上，「5P」的框架本身就是基於「以企業為中心」的邏輯。取而代之的應該是「以客戶為中心」的 5 個「E」，即體驗（experience）、情感（emotion）、互動（engagement）、個人化（exclusivity）和引領（enlightenment）。

樹立一個正確的市場行銷觀念非常有必要。市場行銷職能對企業的生存和發展都至關重要，在「客戶導向」的數位化時代尤其如此。作為最貼近客戶的部門，市場行銷部門可以真正感知客戶的喜怒哀樂，透澈地了解他們的痛點和需求。企業也只有在市場行銷部門的指引下，才能夠在正確的情境下為正確的客戶提供正確的價值。可以說，市場行銷的好壞直接決定企業的成敗。隨著數位化時代的發展，市場行銷部門將日益成為企業的決策中心，引導其他部門，對準客戶需求，同心同德，緊密合作，共同為客戶提供最佳的體驗和服務。

一個無法迴避的事實是，有很多企業在管理能力上還急待提升。還有不少企業迫於市場壓力，過於急功近利，並沒有真心以客戶為中心；勇於創新，而是以自我為中心，成為機會主義者，導致無法順利成長。希望這本書能夠幫助這些企業更容易理解市場行銷以及商業的本質，真正從客戶的福祉出發，不斷自立自強，提升技術水準和管理能力，逐步成長為放眼天下的全球型企業。

當然市場行銷並不只是對企業很重要，還和我們每個人都息息相關。市場行銷正成為企業的核心策略部門，並逐漸融入各個職能部門。因此，無論你是在營運、研發、生產部門，還是在人力和財務部門，都必須深入了解市場行銷的理論和實踐。另外，從廣義上來說，我們每個人都是一個「產品」，需要在人才「市場」上找到最能夠發揮自身優勢的位

置，這樣才能實現自己的價值，成就人生的理想。而且，隨著新媒體和新技術的發展，每個人都可以成為市場行銷專家，每個人也應該成為市場行銷專家。因此，市場行銷正成為一門每個人都需要了解的學科。

市場行銷除了具有重要性，它還是一門很有趣的學科。市場行銷變化很快，且和科技與時代的進步結合得非常緊密，永遠處在商業時代的最前線。市場行銷的內容也非常豐富，涵蓋了心理學、社會學、經濟學、科技發展、資料分析、創意和溝通等，能夠最大限度地滿足人們的好奇心和求知欲。當然，市場行銷也極具挑戰性。在實踐中，市場行銷人員不但需要跨學科、跨部門，還可能要跨企業，甚至跨產業，才能有效完成既定目標。

因此，在數位化時代，市場行銷領域需要的是智商和情商兼備，理解創意和數據資料，知識面廣闊，同時對終身學習充滿熱愛的複合型人才。可以預見的是，今後越來越多的企業領導人會有市場行銷的背景。這些內外兼修的高水準管理人才將譜寫出 21 世紀最為精彩的商業篇章。

幫助企業成功，促進個人成長，就是我寫這本書的目的。希望你們能夠從這本書中獲得有益的啟示，也希望你們和我一樣，對這個領域充滿熱愛！

尹一丁

# 第一講
# 什麼才是市場行銷？

「現代管理學之父」彼得‧杜拉克（Peter Drucker）說過：「企業只有兩個基本職能，那就是市場行銷和創新。」由此可見，市場行銷是多麼重要！

第一講　什麼才是市場行銷？

## 市場行銷的概念很混亂

很多人對市場行銷這個概念都不陌生，也可能做了多年的市場行銷工作，但不一定能講清楚什麼是市場行銷。有人統計過，市場行銷在市面上至少有七十二種定義，可見對這個概念的理解是多麼混亂。如果連市場行銷的定義都講不清楚，那麼對它的職能自然無法得出一個清晰的定義，企業在具體應用市場行銷的時候也很難達到最佳效果。

那麼到底什麼是市場行銷呢？

一般人會把市場行銷等同於銷售或廣告宣傳。這其實是對市場行銷最大的誤解。彼得‧杜拉克說過：「市場行銷比銷售的概念要廣很多。事實上，市場行銷都不能視為一個單獨的職能部門，它應該貫通整個組織。」這樣看來，市場行銷不僅不是銷售，銷售反倒應該是隸屬於市場行銷的一項職能，而廣告宣傳就更加無法代表市場行銷。

## 誤解市場行銷的原因

為什麼會產生這些誤解呢？這是因為市場行銷是一個工業化時代早期提出來的概念。在當時，企業專注於生產製造，市場行銷確實就是銷售產品和傳播資訊。但是，時代在

不斷進步，尤其是進入「客戶導向」的數位化時代後，客戶的權力越來越大，市場競爭也變得更加激烈。為了有效地回應客戶需求，市場行銷就逐漸承擔了更多的職能。但是大眾的觀念仍然停留在工業化時代，沒有與時俱進。

當然，除了工業化時代舊觀念的延續，還有一個因素阻礙了人們對市場行銷的正確理解，那就是翻譯。市場行銷這個詞的中文翻譯並不準確，客觀上造成了大家對它的長期誤解。在中文裡，市場行銷這個詞強調的是「行銷」，對應的英文詞是「selling」。但其實市場行銷的英文詞是「marketing」，也就是英文「market」（市場）這個詞的動詞化。

那麼什麼是「市場」呢？簡單而言，就是客戶。因此，市場行銷更恰當的翻譯應該是「市場學」或「客戶學」，根本不應該有「行銷」這兩個字。這樣看來，市場行銷就是「服務市場」或「服務客戶」的企業職能。很顯然，銷售和廣告只是「服務客戶」這一複雜企業行為中的一小部分而已。

## 市場行銷首先是一種經營哲學

我們怎樣準確理解市場行銷呢？要綜合文化、策略和戰術三個層面來看。也就是說，市場行銷是一種管理哲學，也是一種企業策略，還是一系列滿足客戶需求的戰術操作。

## 第一講　什麼才是市場行銷？

　　從管理哲學（philosophy）的層面來看市場行銷，它代表一種特定的企業文化。這種企業文化的核心理念就是「以客戶為中心」，也就是把全心全意為客戶服務作為企業存在的唯一理由。亞馬遜、賽富時（Salesforce）等企業都秉承這樣的理念，從而在各自的領域獲得了卓越的成功。亞馬遜更是明確地聲稱，要讓自己成為「全世界最以消費者為中心的公司」（earth's most customer-centric company）。

　　這其實很不容易。工業化時代的企業強調的是大規模生產、效率、成本和銷售，聚焦股東利益最大化，都具有「以自我為中心」的基因。服務客戶只不過是企業實現自身盈利目標的手段而已。因此，當自身利益和客戶利益發生衝突的時候，無論企業口頭上多麼高喊「客戶至上」，在行動上企業一定會犧牲客戶來保護自己。

　　進入「客戶導向」的數位化時代後，企業必須完成從「以自我為中心」到「以客戶為中心」的轉變，真心關注客戶利益，否則遲早會被客戶放棄。因此，市場行銷本質上是一種客戶導向的企業文化。

## 市場行銷作為企業策略

市場行銷是一種企業策略(strategy)。這個策略的核心就是以最好的方式來滿足客戶需求,從而和客戶建立長期良性的緊密關係。客戶需要的是解決他們問題的最佳「方案」和「價值」。因此,市場行銷策略關注的是,如何高效利用企業資源,長期穩定地向目標客戶交付優質的,甚至是「超乎預期」的「方案」和「價值」,從而形成大批忠實顧客。從本質上說,市場行銷策略就是向目標客戶提供正確解決方案的「價值戰略」。

具體來講,市場行銷有三個核心內容:

第一,確定正確的目標客戶。這裡面就包括市場區隔(market segmentation)、目標客戶選擇(targeting)和市場綜合分析,即所謂的「5C分析」——客戶分析(customer analysis)、競爭對手分析(competitor analysis)、公司分析(company analysis)、合作者分析(collaborator analysis)和環境分析(context analysis)。

第二,確定符合目標客戶需求的「顧客價值主張」(CVP,customer value proposition)。

第三,確定產品和品牌的定位(product and brand positioning)。這裡面包含了產品的商品類別定位、產品的品牌定位,還有企業品牌的定位,例如公司的信仰、使命、願景和價值觀等。

## 第一講　什麼才是市場行銷？

### 市場行銷是戰術操作

市場行銷是一系列滿足內部和外部客戶需求的戰術操作（tactics）。

在工業化時代，對外，這一系列戰術操作就是很多人耳熟能詳的所謂「5P」，即產品（product）、地點（place）、推廣（promotion）、價格（price）和客戶關係（people）。這5個「P」就是顧客價值的具體表現方式。也就是說，企業使用這些價值元素，把企業向客戶提供的價值具體呈現出來，讓客戶直接感受到。對內，市場行銷需要採取具體手段，在公司內部實施「內部行銷」（internal marketing），如員工培訓、說明會及提供相關資料等。

很顯然，這個在戰術層面的「5P」行銷框架，其實是基於「以企業為中心」和「以產品為中心」的邏輯，而非「以客戶為中心」。因此，進入數位化時代以後，這個「5P」框架就越來越跟不上時代了。

這是因為在數位化時代顧客價值的具體表現形式已不再是產品、價格、管道和推廣這些相互獨立的價值載體，而是覆蓋客戶總體旅程和生命週期的整體體驗，尤其是數位化體驗。在這種情況下，顧客價值開始從產品向服務和體驗轉換。這些年來湧現出的新商品類別，如「軟體即服務」

(SaaS)和「平臺即服務」(PaaS)反映出來的就是這種「從產品到服務」或「從產品到體驗」的整體趨勢。

## 市場行銷的定義

綜合了文化、策略和戰術三個層面，我們就可以為市場行銷下一個較為全面客觀的定義：「市場行銷就是確保企業時刻瞄準客戶需求來創造、傳播和交付價值，以滿足客戶在整體生命週期中的總體需求，從而建構起企業和客戶之間長期互利關係的一關係企業行為和組織職能。」

也就是說，市場行銷就是幫助企業更有效地服務客戶需求的企業行為和職能。市場行銷的目標是透過滿足客戶需求，建構起企業和客戶之間長期互利的良性關係，從而幫助企業和客戶實現共同成長，達到一種共生雙贏的狀態。

具體來說，市場行銷工作包括五個主要內容，即洞察需求、激發需求、滿足需求、維護需求和創造需求。這就是「市場行銷價值鏈」(marketing value chain)。

洞察需求是為了「定義價值」，對應的市場行銷職能是市場和客戶調查；激發需求是「傳播價值」，對應「5P」中的促銷(promotion)和獲取客戶；滿足需求是「創造和交付價值」，對應「5P」中的產品(product)、地點(place)和價格(price)；

維護需求是「昇華價值」，對應品牌建設和第五個「P」，也就是客戶關係（people）；創造需求是「重塑價值」，對應顛覆性或顯著性創新，用來引領客戶，創造出新市場或開拓藍海（見圖1-1）。在競爭日益激烈的今天，創造新市場越來越成為企業市場行銷部的一項主要工作。

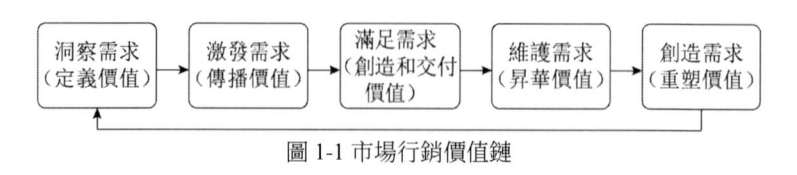

洞察需求（定義價值）→ 激發需求（傳播價值）→ 滿足需求（創造和交付價值）→ 維護需求（昇華價值）→ 創造需求（重塑價值）

圖1-1 市場行銷價值鏈

## 市場行銷的四個核心職能

理解了市場行銷的定義，就可以定義企業市場行銷部的具體職能。

在工業化時代，市場行銷部主要做「戰術」層面的事，例如「4Ps」。其實，很多企業的市場行銷部只是從事其中的兩個「P」，也就是推廣（promotion）和地點（place）。具體來講，就是透過新舊媒體做宣傳，做公關和辦活動來獲取客戶，以及進行通路管理。

在有些企業，市場行銷部會從事更多的工作，例如，系統地進行市場調查來獲得客戶洞察和產業洞察，並把這些洞察回饋到產品開發（product）、價格制定（price）和客戶關係

（people）的職能裡，間接地參與這三個「P」的管理。

當然，在行銷理念更為成熟的企業裡，市場行銷部還會進行產業定位、市場的區隔、目標市場的選擇和品牌的定位等策略層面的工作。但是，如果企業想讓市場行銷部發揮更大的作用，市場行銷部還需要承載「經營哲學」層面的工作，例如，建立「以客戶為中心」的文化和打造企業品牌等。在這個層面，市場行銷部應該和企業策略部緊密配合，共同確定企業發展的大方向。

進入數位化時代以後，市場行銷部作為企業和客戶的橋梁和互動介面，不但要從事前面說到的「經營哲學」、「策略」和「戰術」層面的工作，還要整合業務部、營運部和研發部等核心部門，有效管理市場行銷價值鏈的整個流程，更要按照客戶需求，與財務、人力、技術和法務等對內職能部門合作並提供指引，共同服務客戶。在這個階段，市場行銷部就會成為整個企業營運和決策的中心，像神經中樞一樣驅動企業業績的成長。

簡單來講，一個高效的市場行銷部至少要具備四個基本職能，即客戶洞察、策略制定、獲客留客和部門協作。

雖然絕大部分企業還沒有發展到這個階段，但是隨著企業數位化轉型的完成，市場行銷部正在實現彼得・杜拉克多年前的願景，即從工業化時代的輔助部門轉變為數位化時

代貫穿企業各方面的核心部門。在這個階段的企業，就成為真正的「客戶導向型企業」，具有進入所謂C2B（customer-to-business，消費者到企業）模式的能力。

與此同時，市場行銷部自然而然地變成企業中工作內容最複雜、涵蓋範圍最廣、難度也最高的部門，這就是為什麼在數位化時代真正合格的市場行銷人才是如此匱乏。

## 市場行銷的四個趨勢

即便如此，市場行銷也遠遠沒有發展到最高境界。市場行銷會隨著科技的發展不斷地進化。下面討論的四大趨勢將深刻影響市場行銷的理念和實踐。

第一，超個性化。

隨著行銷雲、行銷數據中臺和行銷自動化技術的發展，企業可以利用大數據、人工智慧和行銷機器人向單個客戶提供完全個人化的內容、產品和服務，真正做到單個客戶成為一個單一的市場（segment of one）。為了做到這點，企業將為每個客戶建構一個量身定製的個人化商業系統（personalized ecosystem）。在超個人化時代，企業真正可以為客戶提供高度精準的價值，不但做到「千人千面」，而且可以做到基於情境需求的「一人千面」。

第二,身歷其境的全景體驗。

在萬物互聯、虛擬實境和穿戴式裝置等技術的支援下,品牌可以深度嵌入客戶日常生活的全情境,並向他們提供身歷其境的全景體驗。在這種情況下,消費、娛樂和社交等生活的各方面逐漸融為一體。事實上,很多企業很早就開始探索這個領域。例如,賓士汽車早在 2010 年就開發出虛擬試駕技術。現在當紅的元宇宙,在不久的將來也會把讓客戶身歷其境的體驗帶到一個無法想像的高度。

第三,人機智慧互動。

在不遠的將來,大量在人工智慧驅動下的真實機器人和數位機器人將直接參與到服務客戶的整個流程中。這些機器人將具有無與倫比的智商和情商,能夠即時滿足客戶在不同情境下的各種需求,成為他們生活中的親密夥伴和顧問,甚至導師。這兩年發展很快的智慧虛擬人,例如 IBM 基於華生(Watson)人工智慧平臺的靈魂機器(soul machine)就是這一領域的先行者。

在人機智慧互動過程中,聲音互動將成為主流。同時,品牌和客戶關係也將深度情感化,品牌商和客戶之間將變得更加親密。市場行銷也將徹底告別「5P」而進入「5E」時代,即體驗(experience)、情感(emotion)、互動(engagement)、個人化(exclusivity)和引領(enlightenment)。品牌也將對客

戶產生前所未有的巨大影響力。智慧決策系統，如亞馬遜 Alexa 和 Google Home 等會幫助客戶做出生活中的幾乎所有決策，而這也同時決定了其他品牌的命運。

第四，品牌意義化。

從 Y 世代（Millennials）和 Z 世代（Gen Z）年輕人的消費觀可以看出，今後的消費者會對企業的社會責任、理想和願景更加關注。因為當品牌深度嵌入並影響他們的生活時，這些消費者需要品牌超越單純的商業屬性，具有更深刻的內涵。也就是說，品牌要能在思想和精神層面與消費者產生共鳴。因此，企業和品牌的信仰和價值觀將變得更加重要。企業不能只是產品和服務的生產者，還要成為意義的提供者。

這些趨勢都會為市場行銷的理念和實踐帶來翻天覆地的變化。不但如此，企業自身也必須進行深度變革。但無論怎麼變，市場行銷的基本邏輯不變，用彼得・杜拉克的話說，就是「從客戶的角度看待商業經營的各方面」，而且把服務客戶作為企業存在的唯一理由，真心為客戶長期地創造優質的價值。這就是市場行銷永恆不變的真諦。

# 第二講
# 為什麼市場行銷策略如此重要?

　　企業要想做好市場行銷,首先要清楚地定義市場行銷的目標,然後要明白實現這個目標需要採取的步驟。這樣才能把企業所有的資源聚焦在一個核心方向,進而實現突破。關乎市場行銷的目標和行動方案就是市場行銷策略。

　　市場行銷策略對一個企業很重要。市場行銷策略可以確保企業的所有行為都貼近客戶需求。這在客戶導向的數位化時代尤為重要。再者,市場行銷策略可以讓企業的決策和行為更加規範。所謂「不以規矩,不能成方圓」,科學化的市場行銷管理會讓這個核心職能發揮更大的作用。

　　同時,企業還可以依此建立相應的策略規劃能力和體系,讓市場行銷管理有章可循。這樣就可以對市場行銷管理不斷進行改良,從而讓成功具有可複製性。在當今飛速變化的時代,企業還跟著感覺走根本行不通,系統化地進行市場行銷策略的制定和執行,是達成長久成長的唯一路徑。

## 第二講 為什麼市場行銷策略如此重要？

## 對市場行銷策略的兩個誤解

雖然市場行銷策略如此重要，但是很多企業對市場行銷策略有兩個常見的誤解：

第一，把行銷戰術理解成行銷策略。

其實，企業平時討論的大多不是市場行銷策略，而是行銷戰術。例如，針對銷售、推廣、品牌、促銷、客戶關係、管道等方面的具體方法和技巧。

作為市場行銷策略，至少要引入主流的STP策略框架，也就是市場區隔（segmentation）、目標市場選擇（targeting）和市場定位（positioning）。要真正稱得上「市場行銷策略」，市場行銷的目標和行動方案必須和企業的整體策略深度整合，對企業的業績成長有所助力。

因此，真正的市場行銷策略必須立足於全公司層面，而不只是市場行銷部門層面。市場行銷策略應該影響到企業的各個方面，也需要企業所有部門和員工的積極參與。很明顯，在不少企業，對STP策略框架的運用仍侷限於市場行銷部，尚未成為全公司共同採用的策略。

錯把戰術當策略會為企業帶來一系列問題。例如，在戰術層面用力往往只看短期效果，「頭痛醫頭，腳痛醫腳」，不能從根本上解決企業長期健康發展的問題。另外，戰術層面

的操作很容易隨波逐流，被一時出現的機會牽著鼻子走，很難形成一個具有自身特色的核心能力，變成了「萬金油」，似乎樣樣都行，卻沒有獨特優勢，發展完全依賴運氣。

只聚焦在戰術執行，業績也會很不穩定。例如很多企業打價格戰，業績可能很快就顯著成長。但價格恢復後，客戶也很快就會流失，讓業務部門疲於奔命，難以形成長期穩定的客戶群。因此，企業必須把市場行銷提升到策略層面。

市場上對行銷策略的另一種誤解對企業的損害更大，那就是認為市場行銷策略為企業服務，其目的就是多賣產品，完成企業的銷售目標。這樣的市場行銷策略就變得完全「以企業為中心」或「以產品為中心」。這種導向的策略好像合情合理，其實是自廢武功的「偽市場行銷策略」，可能直接導致企業的失敗。

例如，柯達、Nokia 這樣的全球大企業都曾稱霸天下。但長期的成功讓企業變得故步自封，以自我為中心，而不再聚焦客戶需求。這種錯誤的導向直接造成企業在產品研發大方向上的誤判。因此，柯達錯過了影像數位化崛起的機遇，而 Nokia 和智慧型手機時代失之交臂，最後都在市場上一敗塗地。

蘋果似乎是一個異類。因為賈伯斯說過：「不要去問消費者需要什麼，因為他們自己也不知道。」這好像是說蘋果即使以自我為中心，也能非常成功。其實，這是對賈伯斯的誤解。和其他創新型企業不同的是，蘋果是一個商品類別創

新者。因此，賈伯斯的本意是，如果開創一個全新的產商品類別型，企業是無法從消費者那裡直接獲得答案的。賈伯斯只是不去問客戶需要什麼，而絕不是不關注客戶需求。事實上蘋果極度關注客戶需求，一向從客戶體驗出發來開發和產品，這才是蘋果成功的關鍵。

顯而易見，市場行銷策略不是為了企業自身的私利，而是為客戶充分賦能，幫助客戶實現目標。在這個「立己先立人」的過程中，企業也成就了自己。

破除了對市場行銷策略的誤解，下一個需要探討的問題是：什麼是真正的市場行銷策略？

## 市場行銷策略的定義

首先，市場是什麼？市場不是一個抽象的概念，市場就是「人」，就是客戶。因此，市場行銷策略就是為這些「客戶」創造價值的策略。市場行銷的核心目標就是確保企業的價值創造，和交付完全聚焦於客戶需求，並能夠最大限度地滿足客戶需求，從而使企業業績的持續穩定成長。具體而言，市場行銷就是圍繞滿足客戶需求而實施的一關係企業行為，如價值定義、價值創造、價值傳播和價值交付等，而這些企業行為以客戶需求為起點和終點，形成一個完整的流程。

市場行銷策略這個詞中的「市場」二字最為關鍵，千萬不能省略。但在日常工作中，大多數人慣於用「行銷策略」這個簡稱，直接造成了對這個重要概念的誤解。準確的簡稱應該是「市場策略」而非「行銷策略」。其實，更準確的簡稱應該是「客戶策略」，因為市場就是客戶。

因此，真正的市場行銷策略應該且必須是「以人為本」或「以客戶為中心」，而不是「以我為本」或「以企業為中心」。判斷一個企業市場行銷策略的優劣，就看它是否真正以客戶為中心，它的出發點和動機是否想更好地解決客戶的問題。「以客戶為導向」的價值創造和交付就是市場行銷策略的本質所在。

## 市場行銷策略的三個層次

具體來講，市場行銷策略有三個層次：

在企業層面，市場行銷策略是「以客戶為中心」的管理理念和哲學。例如，亞馬遜就把「成為地球上最以客戶為中心的企業」（to be earth's most customer-centric company）作為自己的最高策略。因此，一個企業必須把「成為顧客價值提供和服務的最優秀企業」作為自身最高的策略目標。在數位化智慧化時代，這其實應該是所有企業共同的策略目標。從這個意義上講，企業的最高策略就是市場行銷策略，兩者完全重合。

## 第二講　為什麼市場行銷策略如此重要？

在業務層面，市場行銷策略是在某個特定產業和市場，透過產業分析和市場區隔等手段確認目標客戶群，並以這些客戶的需求為基礎，定義、創造和交付優於競爭對手的獨特顧客價值。嚴格意義上講，在業務層面的市場行銷策略被稱為市場行銷的「策略」才更貼切。

在團隊層面，市場行銷策略就是上述業務流程中某個環節所執行的一系列策略手段，如獲取客戶、設定價格、產品開發、促銷、廣告宣傳、公共關係和通路管理等。市場行銷也可以視為顧客價值主張的具體呈現方式。這個層面的市場行銷應該稱為市場行銷戰術。

很明顯，這三個層次的市場行銷策略都圍繞客戶需求展開（見圖 2-1）。

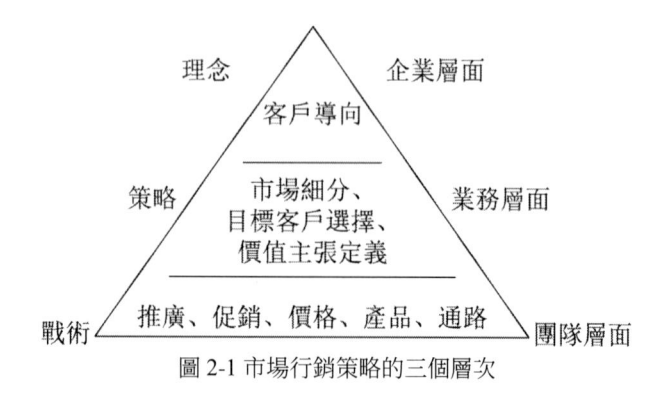

圖 2-1 市場行銷策略的三個層次

## 市場行銷策略的三大作用

市場行銷策略對企業非常關鍵，它攸關企業的生存和發展。

第一，市場行銷策略能確保企業的發展一直聚焦客戶需求，避免浪費資源。

企業作為一個獲取利潤的組織，存在的唯一理由和目的就是服務客戶。聚焦客戶需求的企業會繁榮，偏離客戶需求的企業會衰落。市場運作規則就這麼簡單。真正的市場行銷策略一定是把「成為向客戶提供最佳價值的企業」作為自己最高的策略。從這個角度來看，市場行銷策略的最大價值就是確保企業隨時聚焦客戶需求，避免以我為尊，或者跟著感覺走。

第二，市場行銷策略能夠幫助企業有效建構核心能力。

商業競爭的優勢來自於核心能力的獨特性。沒有核心能力的企業很難生存下去。不同的企業的核心能力差異很大。例如，蘋果是品牌和系統整合，有的品牌的核心能力則是高CP值。一般來說，企業都是從自身出發，看看自己有什麼獨特能力或資源，然後決定去做什麼事。但對於一個真正「以客戶為中心」的企業來說，它的核心能力應該按照客戶需求來建構和強化，也就是「客戶需要我們做什麼事，我們就去建立這種能力」。而且，企業能力會隨著客戶需求的變化不斷變化。這將是客戶導向企業（C2B，customer-to-business）的運作常態。

## 第二講　為什麼市場行銷策略如此重要？

事實上，只有聚焦客戶需求而建構的能力才是真正的核心能力（core competence）。這種能力才能保證「以客戶為中心」的各項策略能夠被有效實施，從而在目標市場形成顯著的競爭優勢（competitive advantage）。

第三，市場行銷策略能幫助企業形成內部共識，凝聚力量，最大限度地激勵企業。

企業發展得不好，一個很重要的原因就是各個部門目標不同，各自為政，沒有同心協力。真正的市場行銷策略高度聚焦客戶需求，為客戶提供最好的服務，這樣的策略就能夠打破部門牆，像黏合劑，讓企業做到「上下同心，步調一致」。「上下同心」是指主管和基層目標一致，「步調一致」是指各部門之間能夠有效合作，步調一致。一旦這樣，企業就會迸發出極強的凝聚力和戰鬥力。

對於一個企業來說，儘管市場行銷策略好像只是企業策略的一部分，但事實上，企業其他策略都應以市場行銷策略為核心來推動。如果企業策略是一輛車，市場行銷策略就是它的引擎。市場行銷策略是企業策略的核心和靈魂。可以說，沒有什麼策略比市場行銷策略更重要。有這種意識的企業就是真正「以客戶為中心」的企業，也只有這樣的企業才能在數位化時代中立於不敗之地。

其實，市場行銷策略思維不僅對企業重要，對個人來講也很重要。我們每個人都是一個「產品」，具有自己的核心

能力，為這個世界貢獻著自己的價值。用市場行銷的概念來說，我們每個人代表的是一種特定的「顧客價值主張」。

　　一個人要想在職場上成功，就需要清晰洞察人力市場的需求，並在自身的核心能力和市場需求之間找到相似之處，從而形成自身獨特的「顧客價值主張」，累積自己的核心競爭力，然後才能在市場上脫穎而出。從這點上來說，市場行銷策略更是一種思維能力。這種思維能力的核心，就是從客戶的角度看問題，聚焦客戶需求，全力打造自身的核心能力，即市場需要什麼能力就塑造什麼能力。例如，人工智慧和大數據正深刻改變著所有產業。一個人的資料分析能力就成為已成為就業市場的重要評估指標。為了在這個時代找到成功的快車道，每個人都要好好學習程式設計或資料分析方面的課程。

　　同時，市場行銷策略思維還要求一個人從具有能綜觀全局的視野，從長遠角度來抓住機會。當然，成功需要策略聚焦，對於自己面臨的問題和挑戰，要看清輕重緩急，集中優勢資源搶下關鍵市場。這樣才能揚長避短，把自己的優勢發揮到極致。

　　總之，無論對企業還是個人，「以客戶為中心」，「聚焦客戶需求」來建構自身核心能力就是市場行銷策略帶來的最大價值。因此，合理的市場行銷策略對於企業和個人的長期健康發展都至關重要。

# 第二講　為什麼市場行銷策略如此重要？

# 第三講
# 市場行銷策略應該如何規劃？

　　市場行銷策略對一個企業的成敗至關重要。那麼企業如何制定市場行銷策略呢？透過市場行銷的策略規劃。所謂策略規劃，就是制定市場行銷策略的過程和方法。

## 策略規劃的三個作用

策略規劃做得好，對企業有三個明顯的好處：

第一，保證策略的標準化。

策略不能靠腦袋空想，而需要一套標準化的方法。就像工廠生產高品質的產品需要一套穩定的生產線一樣，策略規劃就是市場行銷策略的「生產線」。很多企業領導者比較強勢，憑感覺制定策略，沒什麼依據。但是隨著市場更加成熟，競爭也會日益激烈，這種鬆散的「游擊戰術」已經越來越無法適應快速變化的競爭局勢。

第二，幫助企業進行科學管理。

很多企業無法長久，是因為缺乏科學化的管理。過去市場發展快、機會多的時代，企業沒必要也沒時間去建立這種能力。但外部環境一旦出現動盪，公司內部就會亂成一團。例如IBM的「業務領導力模型」（BLM，business leadership model）就是一個很成功的案例。

第三，促使企業形成策略洞察。

策略洞察有助於企業深刻了解客戶需求，提前掌握對手的策略動向，還能讓企業看清產業發展的大方向，從而選擇正確的賽道和提供高效率的顧客價值。這些洞察其實比策略更重要，直接決定企業的興衰。其實，就算整個規劃最後沒

有成功形成可行的策略,只要企業透過這個規劃過程實現了對上述業務要素的深入洞察,規劃的目標就達成了。

## 市場行銷策略的四個核心問題

可惜的是,策略規劃是許多企業的弱勢環節。要想在後疫情時代生存和發展,這些企業需要盡快改善這個弱點。那麼怎麼做市場行銷策略規劃呢?首先要釐清策略規劃的目標。市場行銷策略的目標就是「最大程度滿足客戶需求」。要想實現這個目標,企業必須回答以下四個問題:

1. 企業要滿足哪些需求?
2. 企業要滿足誰的這種需求?
3. 企業打算提供哪些價值主張來滿足這種需求?
4. 企業透過哪些具體方式讓客戶感知到這個價值主張?

## 市場行銷策略規劃的四個步驟

企業做市場行銷策略規劃,其實就是對上述四個問題進行回答。一般而言,市場行銷策略規劃有四個步驟:

第一步,「市場洞察」(5C),也就是看「要滿足哪些需求」。

第二步,「客戶選擇」,也就是確定「客戶是誰」。

第三步,「顧客價值主張」設計,也就是選擇「需要提供哪些價值主張」。

第四步,「市場行銷組合」設計,也就是「5P」,是價值主張的具體表現形式。

下面進一步闡述這四個步驟的具體運用。

第一步,「市場洞察」(5C)。

前面說過,市場就是客戶。客戶需求既是市場行銷策略規劃的起點,也是終點。這就是所謂的「端到端」(從「客戶端」再回到「客戶端」,而不是從「企業端」到「客戶端」)。因此,市場行銷策略規劃的第一步就要做「市場洞察」。所謂洞察,就是一個企業對某個客戶需求、行為和商業現象產生的獨特而深刻的理解。洞察一般是競爭對手無法看到的東西。洞察不是一個神祕的東西,它是一種組織能力。企業可以基於對一個產業的深耕,透過日積月累的實踐,逐漸建立起組織能力。

市場洞察包含五個內容,即「5C」:客戶(customer)、環境和產業(context)、競爭對手(competitor)、合作夥伴(collaborator)和自身(company)。這也就是前面說過的市場綜合分析。

市場洞察首先要進行「客戶洞察」。這是市場洞察中最重要的環節。客戶洞察一般需要了解客戶當下和將來需要解決什麼問題,有什麼訴求,目前及將來會有什麼痛點,需要什

麼解決方案等。最好的客戶洞察要能看到客戶潛在和隱形的需求。這樣往往會在市場競爭中獲得先機。例如，蘋果公司在 2000 年的崛起就是基於對數位化音樂和個人化音樂逐漸成為主流需求的洞察，成功開發了風靡全球的 iPod。

「產業和環境洞察」是看準產業和市場發展的大趨勢。「競爭對手洞察」是對競爭對手的預測。例如美國披薩餅企業棒約翰（Papa Johns）在 1990 年代的異軍突起，就是事先預測到市場上兩大巨頭必勝客和達美樂，不會與它推出的健康披薩產品進行競爭，才斥巨資進行全國擴張並獲得成功。

「合作夥伴洞察」指能看到最適合協作的合作夥伴。例如智慧型手機開發商與知名鏡頭廠商合作，相輔相成，達到雙贏。

「自身洞察」就是要看到自己獨特的組織能力和弱點，以便在滿足使用者需求時避免劣勢、發揮優勢。

獲取「市場洞察」後，下一步就是做基於「市場洞察」，尤其是「客戶洞察」的「業務設計」。業務設計一般包括以下幾個方面，如客戶選擇、價值主張、價值獲取、商業模式、活動範圍、策略控制和風險控制等。從市場行銷策略規劃角度來看，應更專注於「客戶選擇」和「價值主張」。但從整體業務角度來看，策略規劃還要涵蓋其他幾個方面。

第二步,「客戶選擇」。

市場上的客戶千差萬別,任何一個企業都無法服務所有客戶。因此,企業必須選擇正確的客戶群。「客戶選擇」包含兩個步驟,市場區隔(market segmentation)和目標市場選擇(target market selection)。市場區隔就是基於對客戶的洞察,把客戶按照需求類別、偏好、產業類型、消費能力和收入等層面進行分類,然後把核心維度類似的客戶放在一起。這樣,整個市場就被劃分成不同的群體或「區隔市場」。

目標市場選擇是按照不同類別客戶群的特性,從中選擇出一個或幾個關鍵群體進行聚焦,也就是鎖定目標市場。目標市場的選擇主要取決於特定區隔市場的需求類型和企業核心能力的「契合度」。例如,主打高CP值的手機品牌,它們的目標客戶就是對價格比較敏感的年輕人。富豪汽車公司的核心能力是生產安全性高的汽車,它的目標客戶就是對「安全」效能訴求最敏感的族群,例如有孩子和老人的家庭。

聚焦一個具有「高契合度」的區隔市場,不僅可以滿足客戶需求,還能形成和競爭對手的差異。例如鎖定追求高CP值的年輕人,在CP值上追求極致,同時廣布通路,在這個特定的區隔市場,它們的市場表現可能就會超越追求高階技術的品牌。

當然,除了這個「契合度」,其他因素如總體市場潛力、競爭程度、進入及後續維護成本、競爭強度等也是選擇目標

市場的重要考量。對於 B 端使用者,「客戶選擇」需要考慮的方面就更多了,如財務和信用狀況、策略適合度等。總體而言,企業只能選擇那些與企業的產品和服務、能力相稱,同時願意花錢、信用好的客戶。

第三步,「顧客價值主張」設計。

找到「客戶」之後,策略規劃就要針對目標客戶的「價值主張」進行設計,也就是企業要決定為客戶提供什麼樣的「價值主張」來解決他們的問題。

「顧客價值主張」,簡單來講,就是企業為了解決客戶的問題,向他們提供的一系列價值點或效能點,例如便利、速度和節能等。

能夠成為「顧客價值主張」的效能點,必須是從「客戶」的角度來定義的價值。很多以「產品為導向」或「以自我為導向」的企業,在設計「價值主張」的時候,往往會設計出讓自己的銷售和盈利最大化的「價值主張」,而非能為客戶帶來最大利益的「顧客價值」。這樣的「價值主張」難以真正滿足客戶需求。

因此,「顧客價值主張」設計的關鍵是「從客戶出發」,從客戶的角度來看待問題,而不能從自己的角度出發。設計「價值主張」的著眼點只有一個,就是客戶需求,而不是公司的財務訴求。

那怎麼設計「顧客價值主張」呢？首先要深入理解目標客戶需要解決的問題，然後確定能夠解決這個問題的核心價值點。例如，如果客戶的主要問題是「行車安全」，那麼這個核心價值點就是「安全」。確定了核心價值點後，再圍繞核心價值點設計出其他客戶關注的效能，如速度、舒適度和經濟效益等。

另外，「價值主張」不是單純的產品和服務設計。它其實是以產品為主體而交付給客戶的總體價值感知，如高效率（產品和服務）、經濟性（價格）、便利性（通路）、愉悅性（廣告和體驗）和完整性（服務）等。也就是說，「價值主張」是企業為客戶提供的所有元素對客戶的總體價值。基於「市場洞察」的「價值主張」，往往展現了一個企業的「創新焦點」。這個「創新焦點」可以是產品創新，也可以是營運創新、商業模式創新等。但作為「顧客價值主張」，它們都應該解決客戶正在面對的關鍵問題。

「顧客價值主張」設計就是市場行銷中所說的定位（positioning）。準確地說，「顧客價值主張設計」是一個企業的價值定位。但很多市場行銷或品牌從業人員往往把價值定位簡單理解為品牌定位，甚至狹窄地理解為「獨特賣點」（USP），甚至是一句廣告詞，實在偏離了「顧客價值」這個本質。

「顧客價值主張」可以理解成企業為客戶提供解決他們問題的一個方案。例如，麥當勞的「顧客價值主張」包含以下一

系列價值點：眾多的方便地點、較高的品質點、合理的價格點、選單可選項眾多點、快速高效的服務等等。

這些價值點共同構成了麥當勞的「顧客價值主張」。很明顯，這個價值定位遠比品牌定位或「賣點」廣泛。事實上，在很多情況下，品牌定位和「賣點」是「顧客價值主張」的一種濃縮，只聚焦於「價值主張」中最具有差異化的特定價值點。

市場行銷策略規劃到了這個步驟，企業就回答了前面提到的四個基本問題，也就完成了主流市場行銷理論中的STP策略框架。至此，市場行銷策略的「策略」部分就規劃完成了。下面需要做的就是「戰術」層面的規劃，即把設計出來的「顧客價值」透過「市場行銷組合」，以客戶整體體驗的方式給客戶具體呈現出來。

第四步，「市場行銷組合」設計。

「市場行銷組合」設計就是常說的「5P」設計，即產品 (product)、價格 (price)、推廣 (promotion)、地點 (place) 和客戶關係 (people)。這5個「P」就負責把抽象的「價值主張」具體化，從而把價值輸送到客戶手中，解決客戶的問題。可以說，「市場行銷組合」是交付「顧客價值」的具體工具。

市場行銷策略的規劃過程見圖3-1。

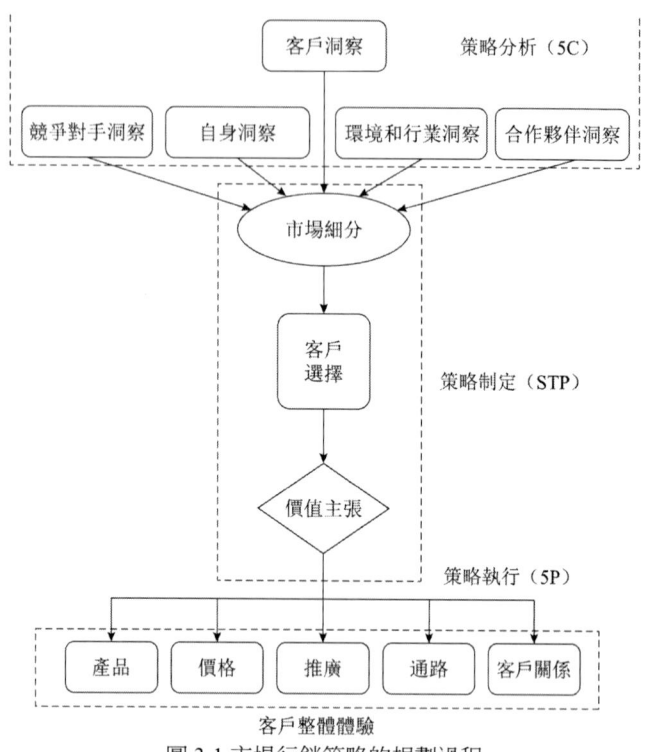

## 第三講　市場行銷策略應該如何規劃？

```
策略分析（5C）
  客戶洞察
  競爭對手洞察  自身洞察  環境和行業洞察  合作夥伴洞察
       ↓
    市場細分
       ↓
策略制定（STP）
    客戶選擇
       ↓
    價值主張
       ↓
策略執行（5P）
  產品  價格  推廣  通路  客戶關係
    客戶整體體驗
```

圖 3-1 市場行銷策略的規劃過程

　　在數位化時代，客戶關注的已不再是相互獨立的「5P」，而是涵蓋他們消費旅程和生命週期的整體體驗。因此，在工業化時代實施的「市場行銷組合」設計，已經逐漸變成客戶整體體驗設計，而「5P」只是客戶體驗中的某個環節。

## 市場行銷策略規劃案例

下面具體說明一下市場行銷策略規劃應該如何運用。

有一位創業者計劃開個飲料連鎖店。第一步就是做「市場洞察」。「市場洞察」一般從「環境和產業洞察」入手,看看熱飲消費的大趨勢是什麼。例如,一個新趨勢是中年人對熱飲的需求在上升。在「客戶洞察」時,可以觀察和訪談30到40歲的典型客戶。結果了解到,他們最大的訴求是「健康和保健」、「口味淡」以及購買「方便」。然後,進入「競爭對手洞察」,創業者發現熱門競品大都迎合年輕人,口味重,不夠健康。因此就預計在產品配方上進行改良,聚焦口感更加純淨的「健康飲料」。最後,「合作夥伴洞察」幫助確定最合適的供貨商、通路商和服務商等。

基於這些洞察結果,創業者可以進行「客戶選擇」和「顧客價值主張」設計。首先,中年人族群仍然很龐大,需要進行市場區隔。結果發現「30到35歲女性上班族」是最具潛力的目標客戶,她們對健康熱飲的購買意願和消費能力都很強,還能帶動周圍的人。因此就聚焦在這個目標市場。

目標客戶確定後,還要深入了解這個特定族群的理性和感性需求。例如,她們想透過健康熱飲緩解工作疲勞,或小小犒勞一下辛苦工作的自己,提升幸福感,展現自己的時尚品味等。基於這些具體需求,就可以設計出一個包含理性和

感性價值的「顧客價值主張」。例如：①健康／保健；②口味淡；③包裝時尚優雅；④手機訂餐付款及送貨；⑤和星巴克類似的較高價位等。

到了這一步，創業者就已經清楚知道這個新創企業應該解決以下三個問題：①滿足什麼需求；②服務於誰；③提供什麼價值。

下一步就是回答「怎麼服務」，即設計具體的「市場行銷組合」來實現上述的「顧客價值主張」。例如，在產品設計時，就要考慮什麼叫健康，以及如何體現在飲料中。在包裝上，要看哪一種設計更時尚優雅，應該採用什麼調性。在價格上，要確定不同產品的具體價位和促銷價位。在通路上，要考慮實體店及線上商店的位置和設計。在傳播上，要看在何種類型的廣告或媒體平臺上進行宣傳，採用什麼具體媒體內容和品牌設計才能打動目標客戶等。至此，這個新創企業就依照規劃過程制定了一個具體可行的市場行銷策略。

## 市場行銷策略規劃的局限性

上述策略規劃過程就是西方行銷界沿用了幾十年的「STP＋5P」框架。事實上，市場行銷策略規劃有一定的適用範圍，不是放之四海而皆準的萬靈丹。下面就探討市場行銷策略規劃的局限性和適用情境。

第一，市場行銷策略規劃更適用於 B 端，不太適用於 C 端。

因為這個框架是建立在幾個基本假設之上的，例如「客戶的偏好穩定」、「客戶之間的需求差異明顯」等，而這些假設更符合 B 端市場的特點。在 C 端市場，客戶的偏好很容易改變，很可能受「消費情境」影響。例如，消費者去買車。出發前消費者心中有一個心儀的品牌或車型，但很可能最後開回來的車和當初想要的完全不一樣。買車過程中受到的引導、購車情境和當時的情緒都會影響消費者最後的決策。同時，C 端客戶的需求和偏好也會經常發生變化。因此，在 C 端市場使用這個框架，市場區隔和定位很可能變得不夠準確。這也就顯示出面向 C 端市場的市場行銷策略規劃需要更加動態而彈性的特性。

第二，市場行銷策略規劃更適用於工業化時代，不太適用於數位化時代。

上述的市場行銷策略規劃框架源於「硬體為王」和「產品為主」的工業化時代。在那個時代，產品是價值的主要載體，而且產品是靜態的，更新換代也不是很頻繁。另外，客戶的消費旅程比較簡單和標準化。因此，這個規劃步驟大致遵循一個線性流程，規劃了五個相互獨立的市場組合元素。

到了「體驗為王」和「服務為主」的數位化時代，顧客價

值的載體變成了整個消費旅程中的整體體驗。這個時候，企業需要規劃的就不再是標準化的「價值主張」和五個獨立的「P」，而是客戶在全旅程的整體體驗和需要不斷改進的個人化體驗，尤其是數位化體驗。而且，在數位化工具的支撐下，客戶的消費旅程變得更加隨機，甚至混亂。這個策略規劃框架就顯得有些力不從心。

例如，消費者在購物平臺購物，整個旅程有很多隨機性，每個節點的體驗都是多個「P」共同營造的，例如產品、服務、價格、傳播和關係，很難將它們分割而單獨進行規劃。而且，隨著大數據的應用，企業可以針對每個客戶按照不同的情境提供精準的個人化價值，同時根據數據回饋進行即時改進。因此，這個傳統框架需要深度的變革和進化，不然無法適應數位化時代制定市場行銷策略的需求。

第三，市場行銷策略規劃更適用於大企業，不太適用於小企業。

這個框架的順利實施，高度依賴企業的「市場洞察」能力。沒有「市場洞察」能力，策略框架就缺乏高品質的輸入，結果很可能是「垃圾進，垃圾出」（garbage in, garbage out），難以產生高品質的輸出。另外，這個框架很考驗企業的建模和資料分析能力。大多數中小企業沒有能力來好好地應用這個框架。

但是，就算有這些局限性，這個策略規劃框架仍然有自己的獨特價值，也就是促使企業在制定和實施市場行銷策略時，真正「以客戶為中心」，同時重視「市場洞察」的獲取。正所謂「市場洞察力決定了策略思考的深度」。但是很多企業對市場的深入洞察都在核心業務人員的腦袋裡，並沒有形成企業層面的組織能力。企業需要建立中心資料庫來提煉和快速共享這些核心業務人員的「市場洞察」，讓每個相關員工和業務部門都可以隨時從中獲益。這樣的企業就逐漸成為不斷提升自身能力的「學習型企業」。

## 實施策略規劃的若干要點

為了更為有效地進行市場行銷策略的設計和規劃，企業還需要有以下幾點認知：

首先，市場行銷策略的規劃步驟和流程很容易理解，但要把它真正做好，能夠像生產線一樣每次都能很穩定地「生產」出高品質的策略並不容易。這就需要形成相關的企業策略規劃能力。

其次，策略重在執行。一個企業有科學合理的策略規劃方法，能夠持續穩定地制定出高品質的市場行銷策略還遠遠不夠。策略只是一套想法，需要有效執行才能為企業帶來效

## 第三講　市場行銷策略應該如何規劃？

益。因此，企業需要具備基於「客戶洞察」進行業務設計的能力和策略執行能力。這樣才能讓策略產生實效。

也就是說，能夠執行的市場行銷策略必須走完整個「業務設計」流程，包含價值獲取、商業模式、活動範圍、策略控制和風險控制等方面的內容。關鍵的是要做好「人力預算」和「財務預算」。沒有這兩項預算，任何策略無論看起來多麼厲害，都是空中樓閣，對企業的業績毫無貢獻。當然，最終策略的實踐還需要「文化與氛圍」，有「人才」、「財務」和「組織」的支持才能夠得以實現。

最後，策略規劃要交給專家來做。專家要依據科學理念，科學運用方法論和數據資料進行規劃，不能讓「策略靠想像」型的管理者把公司變成「一言堂」，外行管內行一定會把企業管死。這些專家通常不是「市場總監」，而是核心業務人員和主管。很多市場總監對業務不夠精通，要是他們負責策略規劃，也是「外行管內行」，大多是「紙上談兵」。換句話說，市場行銷策略規劃不能交給「參謀部」做，必須讓在前線打仗的「將軍」來做。只有他們才真正了解客戶、產業和業務。因此，企業要形成策略規劃能力，就要好好培養核心業務人員的策略思維和方法論。

企業生存的關鍵就是滿足客戶需求。策略和策略規劃的基礎和出發點都是「客戶」，必須「以客戶為中心」來引導策

略的制定和實施。儘管大多數企業認同「以客戶為中心」的理念,但在實際營運時還是「以企業和自我為中心」。尤其是上市公司,從來都把股東和股價利益放在使用者利益之上。這樣的公司很難真正做到「以客戶為中心」。這樣的公司所謂的策略規劃,其實都是財務規劃,根本沒有「策略」,只有「錢略」。在數位化時代,企業一定要堅定地「以客戶為中心」,這樣才能透過策略規劃制定出真正高效的市場行銷策略。

# 第三講　市場行銷策略應該如何規劃？

# 第四講
# 客戶真正需要的是什麼？

「需求」是整個商業和所有企業存在的基礎。一切源於需求，可以說沒有需求就沒有商業。因此，客戶需求是整個企業管理中的核心概念。有需求才有購買，有購買才有利潤。很顯然，企業存在的唯一原因就是滿足需求。成功的企業就是滿足了最多需求的企業，失敗的企業就是沒有滿足需求的企業，就這麼簡單。市場行銷學本質上就是客戶需求學。「客戶需求」是市場行銷的核心概念，一切對於市場行銷的討論必須從這裡開始。

既然「客戶需求」這麼重要，那麼客戶到底需要什麼？這個問題看起來簡單，但答對它並不容易。「需求」這個詞就像「時間」和「空間」一樣，人人都聽得懂，但很少有人能把它講清楚。很多企業因為沒有理解透需求這個概念，造成理解和溝通上的混亂，影響市場行銷策略的規劃和執行。

## 第四講　客戶真正需要的是什麼？

## 理解客戶需求的五個迷思

一般而言，企業在理解客戶需求時經常進入以下五個迷思。

第一，從企業角度看客戶需求，而不是從客戶角度看客戶需求。

從企業角度看到的客戶需求就是一個個具體的產品或服務。但是如果從客戶角度看客戶需求，看到的則完全不同。客戶需求不再是具體的產品，而是產品所承載的無形功能。例如，客戶買電鑽，需要的並不是一個電鑽，而是牆上的孔，也就是電鑽所提供的「鑽孔」這個功能。電鑽只不過是達成「鑽洞」功能的媒介和工具而已。其實使用者需要的從來都不是產品，而是產品所承載的效能和解決問題的「方案」。

從這個意義上講，所有產品本質上都是無形的。所謂的產品只是承載和交付無形功能的一個平臺或一個殼。使用者真正需要的不是這個殼，而是這個殼背後的魂，即效能。因此，企業需要隨時提醒自己那句在市場行銷界廣為流傳的話：「人們不需要四分之一英寸的鑽頭，他們需要的是四分之一英寸的鑽孔」，這樣才能掌握客戶需求的本質。

如果企業認為客戶需要的是產品，那麼就會專注於技術功能，力求生產出高品質的電鑽。但如果明白客戶需要的是功能，企業可以交付的東西就很多，如鑽洞服務、帶有孔洞

的牆板、無痕釘,甚至附帶黏性的相框等。和交付一個電鑽相比,這些解決方案不但更貼近客戶需求,還能建立更高的競爭門檻,同時為企業提供更多的成長空間。理解了這點,也就明白了所有的企業本質上都是服務型企業。

第二,過於關注功能需求,忽略情感需求。

功能需求是指客戶對產品效能的需求,如安全、快捷、低成本等。情感需求是心理和心靈的需求,如快樂、關愛、自尊、美感等。還以電鑽為例,客戶肯定期望電鑽具備基本的鑽洞功能,這是他們考慮是否購買的前提。但這只是滿足了他們基礎的功能需求。客戶鑽洞可能是為了掛一幅畫或一個小的置物架,用來使房間更美觀和整潔。實現了這個目標,就能為客戶帶來舒適感和成就感。這兩種感受就代表客戶的情感需求。

很多企業誤把客戶當成了完全理性的人,好像他們只專注於功能需求。其實,人本質上是情感動物,人們的消費行為都是情感和情緒在驅動。就是在所謂理性的 B 端市場,客戶的情感需求也對他們最後的決策發揮關鍵作用。

第三,往往孤立地看待需求,不看具體的情境。

需求從來都和情境連結。應該說是特定的情境誘發特定的需求。因此,離開情境談需求毫無意義。所謂情境,就是客戶使用產品的場地和情景,即特定的空間、時間、氛圍和事件等。

## 第四講　客戶真正需要的是什麼？

例如，搭乘電梯就是一個典型的情境。如果電梯裡只有一個人，他或她的需求可能是打電話或傳訊息給朋友。但如果正好是上下班時間，在電梯這個狹窄封閉的空間就會很擁擠，大多數人為了避免近距離和陌生人面對面的尷尬，就會找個地方來聚焦注意力。此時，對電梯廣告的需求就出現了。對絕大多數人而言，這種需求在日常生活中非常低，完全是由電梯擁擠的情境創造出來的。因此，市場行銷人員應該關注的不是客戶日常需要什麼，而是在某個特定情境中客戶需要什麼。

第四，過於關注現存顯性需求，錯過隱性和萌芽需求。

現存的顯性需求是企業都看得到，也正在滿足的需求，如對智慧型手機的電池續航和照相功能的需求。這樣的需求雖然很容易找到，但圍繞它的競爭也很激烈。一個企業很難在這些大家都關注的需求上形成顯著的差異化。要想出奇制勝，企業必須領先競爭對手看到使用者的隱性需求和萌芽需求。所謂隱形需求，就是使用者難以表達清楚，但又確實存在的需求。滿足使用者的隱性需求最經典的案例就是 3M 公司推出的便利貼 (Post-It)。在打造這個產品的團隊裡，有一位工程師是教堂唱詩班的成員。他每次唱歌時，書籤總是從歌本裡掉出來，很不方便。他敏銳地察覺到，雖然從來沒有客戶表達出這種需求，但一定有很多人同樣遇到了這個問題。因此，他和團隊就推出了便利貼，並大獲成功。當然，企業要想準確掌握客戶的隱性需求就必須具備強大的洞察能力。

萌芽需求就是正逐步顯現的需求。萌芽需求代表的是在不遠的將來出現的新市場和新客戶，也就是企業都追逐的藍海。這樣的需求才可能為企業帶來高速的成長。例如，21世紀初，人們對智慧型手機的需求就是一種典型的萌芽需求。當時的客戶廣泛使用以Nokia為代表的傳統手機和筆記型電腦。但是他們一旦離開居家或辦公場所，就很難上網或者查看電子郵件。Nokia專注於讓現有手機變得更耐用、更輕便，完全忽視了這個萌芽的需求。蘋果則有先見之明地感知到，只能通話以及發簡訊的傳統手機根本無法滿足客戶的溝通需求。因此，蘋果很早就開始研發智慧型手機，並在2007年成功推出iPhone，從此徹底改變了全球民眾的生活。可見，企業只建立客戶洞察能力（consumer insight）還遠遠不夠，而要有感知萌芽需求的客戶前瞻力（consumer foresight）。

第五，關注尋找需求，而非創造需求。

很多企業誤以為需求就像掛在樹上的蘋果，出門去找就好了。事實上，除了人的基本生理需求之外，絕大多數需求從來不是天生就固定存在的，需要企業去啟用並創造出來。實際上，能找到的需求都不是關鍵需求。真正能夠幫助企業實現快速成長的需求往往需要企業創造出來。

例如，以前的消費者沒有對短影音的需求，短影音平臺的出現就創造了這個需求，迅速引爆了一個具有無限潛力的市場。以前，人們沒有對隨身聽和平板電腦的需求，索尼的

## 第四講　客戶真正需要的是什麼？

Walkman 和蘋果的 iPad 就創造出了這個需求。當然，在商業情境下討論的需求是指對產品或服務的一種訴求。因此，所謂的「創造需求」不是真的憑空製造出人類的基本「需求」，只是創造出一種客戶對滿足他們基本需求新方式的需求。創造客戶需求是如此重要，以至於出現了一個說法，就是「二流企業滿足客戶需求，一流企業創造客戶需求」。

上述針對客戶需求的錯誤認知都會影響一個企業市場行銷策略的制定和執行，自然也影響企業的業績。這樣看來，「客戶需求」這個看起來簡單的片語其實一點都不簡單。對「客戶需求」的理解和掌握是企業管理能力的核心象徵。

## 客戶和客戶需求的定義

在講「客戶需求」之前，需要先把「客戶」和「需求」這兩個關鍵字講清楚。什麼是「客戶」？

廣義而言，客戶是所有能夠影響到效益的群體，如使用者、員工、合作夥伴、政府、各類相關團體等，也就是「利益關係者」（stakeholder）。狹義上，客戶就是購買和消費企業產品和服務的人，也就是「使用者」。在 B 端市場，決策往往是群體性的，牽涉的利益相關者比較多，因此單純專注「使用者」是遠遠不夠的，這時的「客戶」就是「利益相關者」。我們可以直接把客戶理解為「利益相關者」。

那麼什麼是「需求」？

首先,「需求」的含義很多,目前有點過度使用了。交流時大家都在談「需求」,但談的其實不是同一回事。在這裡有必要解釋一下什麼是「需求」。市面上對「需求」的定義有很多討論,甚至精細到了「需求」和「需要」的區別。企業管理不是語言學和哲學,討論這些細微的差別毫無必要。從實用的角度,這裡對「需求」做一個最簡潔的定義:「需求」就是客戶對解決某個問題的方法或者方案的一種訴求。

進一步解釋。首先,「需求」源於人面對的「問題」。人對解決某個問題的意願或「渴望」就產生了「需求」。例如,「渴了」是一個問題。「解渴」的意願就帶來了「需求」。「無聊了或者累了」就是一個問題。消除無聊或消除疲勞的意願也引發「需求」。因此,「需求」源於「打擾」客戶的「問題」。有問題就有需求。也就是說,「需求」就是對一種東西的獲取渴望。這種東西能夠解決人正面對的問題,就是這個問題的答案或解決方案。「需求」的來源就是「打擾」客戶的「問題」。有問題就有需求。

## 需求的類別和層次

理解需求還需要引入另外兩個基本概念,即「需求類別」和「需求層次」。先說類別。人人有功能需求、心理需求和心

靈需求。如果借用馬斯洛的需求階級理論，功能需求大致就是最底層的生理需求，上一層的安全需求與愛和歸屬需求，乃至自尊需求就是心理需求，自我實現就是心靈需求。明白了這點，企業就知道滿足客戶需求，只滿足客戶的理性需求是遠遠不夠的，還要滿足他們的心理需求和心靈需求。

再講需求層次。客戶面對的問題往往有不同的層次，如抽象的大問題和具體的小問題。需求層次就和「問題」的層次對應。也就是說，人的需求是從抽象到具體的。

例如，「餓了」這個抽象問題帶來「消餓」（消除飢餓）的抽象需求，它對應的是對食物這一大類別的整體需求。這個層面的需求對企業沒有什麼指導意義。在「餓了」這個抽象的大問題下，其實包含著很多具體的小問題，例如「餓了」的同時因為時間趕，需要「快速消餓」，這個小問題帶來的就是對「速食」的需求。這個層次的需求就和企業直接相關，所以有了麥當勞、肯德基和其他速食服務。

客戶可能還關注「健康」，那麼客戶需要的解決方案就是「健康地快速消餓」。這個需求就更加具體，對應的就是「健康速食」這個小類別。但是客戶可能還在乎「口味好」、「便宜」、「衛生」等。這些需求就相當具體了，也就催生出「健康速食」這個分類中的一系列品牌。

因此，客戶至少有四個層次的需求：

1. 餓了。對應的是對「食物」這個抽象大類別的需求。

2. 餓了,快速消餓。對應的是具體的大類別「速食」的需求。

3. 餓了,快速消餓,健康消餓。對應的是對更加具體的小類別「健康速食」的需求。

4. 餓了,快速消餓,健康消餓,用美味食品消餓。對應的就是對品牌如「好吃、健康的速食」的具體需求。

如果一家店提供的是味道最好的健康速食,客戶又很容易購買到,如樓下有店或可以點外送等,那麼客戶就透過購買和消費這家店的產品解決了自己的上述問題。

因此,在談論客戶需求的時候,一定要想清楚是哪個層面的需求,抽象問題對應的是抽象需求,如「食物需求」,和企業的具體市場行銷工作沒有直接關係。大問題對應的是大需求,和商商品類別別有關。小問題對應的是小需求,關乎具體的產品功能,直接涉及品牌。這些層面的需求才和企業有關。也就是說,企業要清楚客戶是對商商品類別別的需求、產品的需求,還是對品牌的需求(見圖4-1)。這一點很重要。企業要想快速成長,一般需要關注商商品類別別層面的需求,而不是品牌層面的需求。

## 第四講　客戶真正需要的是什麼？

圖 4-1 客戶需求矩陣

（品類需求、產品需求、品牌需求；萌芽需求、隱性需求、顯性需求、功能需求、情感需求、精神需求）

## 客戶需求的本質

那麼客戶到底需要什麼？

第一，客戶需要的永遠都是「解決問題的能力」，而非產品本身。在 B 端市場，這一點尤其明顯。

例如，電信商面臨的問題是「透過為客戶提供最佳的上網體驗，實現快速成長」。為了解決這個問題，電信商需要的不是一個產品，或者某個具體的效能，而是解決這個問題的能力。那麼作為通訊設備的供應商，設備商需要思考的就是如何為電信商提供解決這個問題的能力，而這個能力往往需要以一個整體的解決方案來展現。如此一來，設備商才能真正幫助電信商解決問題。

第二，在 C 端市場，各個產業變得越來越成熟，真正的產品痛點並不多，而且產品同質化很嚴重。因此，在很多商品類別中，客戶的功能型需求減弱，心理需求和心靈需求加強。在很多情況下，客戶需要的是產品或品牌給他們提供的情感功能，滿足他們的心理需求和心靈需求。

也就是說，為企業帶來需求的往往不是「痛點」，而是客戶內心的渴望與追求愉悅感受的動機，可以說，在 B 端市場，使用者需要的是解決問題的具體功能，如降低成本、提升效率、整合式解決方案等。而在 C 端市場，使用者需要的是撫慰心靈，如被關懷、被尊敬、安全感等，也就是說，使用者需要的是產品或品牌提供的情感功能。

當年 P&G 的尿布進入日本市場，雖然它為母親照顧嬰兒帶來極大方便，但是無論怎麼推廣就是銷量低迷。後來才發現，日本媽媽對把孩子包在尿布裡那麼長時間會產生愧疚。也就是說，這個產品滿足了她們的功能需求，但沒有滿足她們的心理需求和情感需求。後來 P&G 大力宣傳尿布對嬰兒皮膚的保護功能才打開銷路。

這樣看來，客戶到底需要什麼？在 C 端市場，客戶最需要的就是對心理需求和心靈需求的滿足。如果一個產品在心理和心靈上不能滿足使用者，那麼客戶很難產生強烈的購買欲望。從本質上來說，人的所有需求都是心理需求和心靈需求，即情感需求。只有心理需求和心靈需求才是真正的需

求。人是情感動物，驅動消費的永遠都是情感。真實的消費動機都是情感動機。因此，要想找到剛需，實現快速成長，就要從使用者的心理需求和心靈需求著手。

就是在相對比較理性的 B 端市場也不例外。雖然理性需求是必須滿足的基本需求，但是它後面隱藏的心理需求和心靈需求也是驅動客戶決策的真正驅動力。在比較成熟的 B 端市場尤其如此。

## 客戶主要的心理需求

客戶主要的心理需求和心靈需求有哪些？一般而言，心理需求主要有以下幾種：

1. 安全感（如通訊軟體的隱藏上線功能）。

2. 被愛和被關懷（如保健產品）。

3. 占便宜。

4. 自尊、自我價值、身分定義（如各種名牌）。

5. 尋「酷」（如蘋果）。

6. 好奇和窺探（如 Airbnb）。

7. 參與感、存在感。

8. 歸屬感和情感連結，避免孤獨（如通訊軟體、電玩遊戲）。

9. 快樂、娛樂、好玩、排解無聊、消磨時間（如購物平臺、影音平臺）。

10. 避免負面情緒，如內疚（如保健產品）、焦慮（如各類線上學習課程），怕錯過（如社交、影音平臺）。

心靈需求主要有以下三種：

1. 成就感、被認可、被肯定（如電玩遊戲）。

2. 個性彰顯、釋放、叛逆、心無罣礙（如各種角色扮演、電玩遊戲、蘋果、Nike）。

3. 生命的意義（如蘋果、哈雷機車、lululemon）。

心理需求和心靈需求也有淺層和深層的區別。一般不會輕易說出來給別人聽，也很難表達清楚的大多是深層需求，例如窺探、叛逆、渴望自由等。如果一個企業真正觸及客戶的深層情感需求，那麼這個企業很可能引爆需求，實現快速成長。

再以前面提到的熱飲為例。這個熱飲生意的成功，除了產品品質，關鍵的是要滿足職場女性的心理需求和心靈需求，尤其是深層情緒或情感需求。在這個人生階段的職場年輕女性，大多會面對擇偶和職場打拚帶來的辛苦、焦慮、困惑和自我懷疑，她們在忍耐和等待中打拚，嚮往一種美好的生活。很可能她們的情感需求就是在生活的等待中需要暫時忘記這些，稍稍休息一下，關懷和犒勞自己，並給予自己充分的認可。

## 第四講　客戶真正需要的是什麼？

### 感性需求和需求創造才是關鍵

說了這麼多情感需求，難道客戶沒有功能需求或理性需求嗎？當然不是，在產品效能有顯著差異化的市場，功能型理性需求也很旺盛，如一些早期的 C 端市場和為數不少的 B 端市場。例如，在轎車市場的最初發展階段，很多汽車的安全效能並不高，而富豪汽車在安全性上遙遙領先，因此贏得了很多忠實客戶。

問題是，理性差異化很難持久。最終客戶還是會回歸心理需求和心靈需求。其實，就是客戶關注理性需求的市場，最後驅動決策的仍然是情感或情緒。可以說，客戶的理性需求是間斷出現的，而情感需求是永恆不滅的。無論在 B 端市場還是在 C 端市場，任何一個產品都需要給客戶提供一個同時滿足功能需求和情感需求的整體解決方案才能持續成功。

講了這麼多需求，最後需要強調的是：「客戶需要什麼」幾乎是一個假議題。因為除了基本生理需求之外，其實客戶從來都不需要什麼。所有的需求都是創造出來的。一個企業不應該天天問「客戶需要什麼」，而要問「我們能創造出什麼樣的客戶需求」。有理想和有追求的企業應該有能力創造和塑造客戶需求。企業經營的最佳狀態就是：我想讓客戶需要什麼，他們就需要什麼。這就是賈伯斯帶領下的蘋果能夠持續成功的真正祕密。

# 第五講
# 如何洞察客戶的真實需求？

　　客戶需求是一切商業的基礎，更是市場行銷的核心。因此，對於企業而言，能夠準確洞察客戶需求至關重要。如果能夠準確洞察客戶需求，企業很可能就推出一個熱銷產品。但是如果洞察錯誤，那終將失敗，再努力也難以實現業務成長的目標。可以說，客戶需求洞察是一個企業的核心能力，也是一個產品經理關鍵的專業能力。

## 第五講 如何洞察客戶的真實需求？

## 假需求的兩種情況

雖然客戶需求洞察這麼重要，但是很多企業做得並不好。最大的錯誤是經常洞察到了「假需求」，而沒有洞察到可以為企業帶來成長的真需求。對於企業來講，所謂真需求就是真正存在的硬性需求。那麼什麼是「假需求」呢？一般有以下兩種。

第一，「錯」需而非「對」需。

這是說企業洞察到的客戶需求是錯誤的。最經典的案例就是1980年代中期，可口可樂為了應對百事可樂的挑戰，就想推出一款新產品。為了確保成功，可口可樂啟動了商業史上最大規模的市場調查，詢問了十幾萬名客戶，他們到底喜歡什麼樣的可樂。客戶的回饋是，希望可樂有「更甜的口味」。因此，可口可樂就推出了更甜的「新可樂」（New Coke）。但「新可樂」的市場反應極差，甚至還有大批客戶抗議。最後，可口可樂不得不恢復原來的口味。

怎麼會出現這種情況呢？難道在調查的時候客戶對可口可樂撒謊了？其實並沒有，而是可口可樂自己沒有意識到，經過第二次世界大戰的洗禮，可口可樂已經成了美國文化的象徵。客戶對可口可樂的需求遠遠超越了口味，變成一種心理甚至精神層面的需求。這個層面的需求很難被客戶清晰表達出來，同時更難被改變。因此，「甜口味」是一個不折不扣的「假需求」。這種對使用者需求的誤判導致了新可樂的徹底失敗。

當年 Nokia 也犯了一次錯誤。Nokia 認為客戶需要的是一款更耐用、更堅固的手機。但其實客戶真正需要的是一款具有手機通話功能的掌上型電腦。除了通話之外，手機還要能滿足客戶的社交和娛樂需求。

第二，「弱」需而非「必」需。

這種需求的確存在，但對企業的貢獻很有限。弱需求主要有三種：一是這種需求已經得到充分的滿足，客戶的需求欲望並不強烈。例如，「安全」現在是汽車的標配，客戶對安全的需求變弱。如果一款新車著重強調「安全效能」，就很難再打動客戶。二是這種需求雖然有，但是發生的頻率太低。三是這種需求太小眾。如很少有人需要可以在美國和英國兩種不同制式下使用的插頭。這些弱需求無法給企業帶來顯著的成長，不值得企業投入資源和精力，也可以歸為「假需求」。

## 洞察「假需求」的四個原因

是什麼造成了人們洞察到了「假需求」？主要有下面四個原因：

第一，把客戶需求和解決方案混為一談。

例如，如果客戶說「我需要一匹跑得更快的馬」，這其實不是需求，而是滿足需求的一種解決方案，客戶真正的需求

## 第五講　如何洞察客戶的真實需求？

是「從 A 點快速移動到 B 點」。也就是說，客戶需要的從來不是具體的產品，而是抽象的效能。不理解這點的企業，就會費盡心機為客戶培育一匹跑得更快的馬，其實為客戶提供一部汽車更能夠滿足他們的需求。很可能當年 Nokia 調查它的核心客戶時，他們告訴 Nokia 的是，他們需要一臺品質更好、更耐用的手機。Nokia 把這個「解決方案」誤以為是「客戶需求」，錯失了開發智慧型手機的大好時機，從此一蹶不振。

第二，沒有深入了解到客戶的需求動機。

客戶有「問題」才產生需求。但是只了解「客戶問題」還不夠，還要了解問題背後的動機。例如，客戶告訴企業，他的「問題」是「要盡快從 A 點到達 B 點」。這個問題就帶來了他們對「交通工具」這個解決方案的需求。但這個「問題」背後有特定的「動機」。例如，客戶想到 B 點的動機可能是送文件，也可能是商務見面，還可能是探望家人。了解了客戶的真正動機，就明白了解決「送文件」可以用「掃描和電子郵件」，「商務見面」可以用「視訊通話」，只有「探望親人」才需要一個「交通工具」。可見，不了解客戶「問題」背後的動機，獲得的也可能是客戶的「假需求」。動機才是真需求。

第三，忽略客戶的心理需求和心靈需求。

前面說過，所有的需求本質上講都是心理需求和心靈需求，尤其在 C 端市場。但是很多企業過於關注客戶對產品的功能需求，並沒有深掘客戶的深層心理和心靈需求。例如，

一家專門做生日蛋糕的企業，如果只是在蛋糕的口味、賣相、價格上做文章，一定無法成功。企業必須明白，客戶購買蛋糕的深層需求是「展現關懷」。從這個需求點入手，才能真正抓住客戶的心。如果可口可樂當年更關注客戶的心理需求，那麼就會避免新可樂的錯誤。

第四，脫離了情境看需求。

情境決定需求。脫離了情境看需求只能看到假需求。例如，索尼當年研發出一款新的音響系統，召集了一批客戶來做測試。音響有黃色和黑色兩款。當時在現場，每個人都說黃色好。但是臨走的時候，索尼的研究人員讓他們選一款帶走，所有人都選了黑色那款。在測試現場，可能黃色看起來的確不錯，但是一想到要擺放在家裡，大家還是覺得黑色更好看。

還有一個例子是，曾經有企業試圖推出語音控制電腦TNT，可以用語音製作表格與簡報（PPT）。但是辦公室這個情境需要安靜辦公，自然不會有這種需求。後來因為疫情，工作情境發生了變化。居家辦公的情境使語音控制電腦有了需求的空間。

## 第五講　如何洞察客戶的真實需求？

## 洞察需求的五種方法

企業怎麼樣才能確保洞察到真需求呢？

先決條件是心態要對。做好「客戶洞察」必須在心態上做到以下兩點：

一是要真正以客戶為中心。

如果需求分析人員真正以客戶為中心，用一顆真誠甚至虔誠的心對待客戶，處處從客戶的角度看待問題，具有真正的同理心，那麼就會最大限度地避免洞察到假需求。但是在實際工作中，很多客戶分析人員還是習慣於以自己為中心，以產品為中心，以企業為中心。這樣就很難洞察到客戶的真需求。

二是要真正用心去做。

其實「客戶洞察」根本不是很玄妙的東西。只要用心去做，捨得花時間和客戶打成一片，勤於觀察和思考，日積月累就會具備客戶洞察能力。這跟偵探對辦案能力的培養是一樣的道理。如果只是把事情當成一件老闆交代的任務，自然而然就會走捷徑，錯過洞察的好機會。用心、細心、認真、不怕麻煩、有耐心的人才能做好這項工作。

心態導正了，還要採用有效的方法。大致而言，企業可以從以下五種方向進行思考：

第一，問正確的問題。

「問題」創造需求。洞察需求就是洞察問題。在做客戶洞察時，問對了問題最重要。洞察了「對」的問題，就可以找到真需求。找到一個正確的問題幾乎就完成了任務的一半。而問錯了問題只能離真理越來越遠。歸根究柢，客戶洞察所要回答的問題就是「客戶真正需要什麼」。那麼，什麼是正確的問題呢？

正確的問題從來不是「你需要什麼產品或功能」，而是你「需要完成的任務」（Jobs-to-be-Done）是什麼，也就是「你做這件事的最終目的或者動機是什麼」。

例如，當一個客戶想買一個直徑 5mm 的鑽頭，他其實買的是一個直徑 5mm 的鑽孔。但是，了解到了這一步還未必知道客戶真正的需求，因為客戶獲得鑽孔也不是最終目的，他一定是用鑽孔去掛什麼東西。那麼，客戶購買這個鑽孔需要完成的任務是什麼呢？

繼續了解，才知道客戶想用這個鑽孔掛孩子在學校獲得的獎狀。因為最近孩子學習的動力不足，身為父親的客戶想用這個方法來鼓勵孩子繼續上進。所以，客戶真正的需求是「激勵孩子」。或者說客戶購買這個鑽孔的「動機」是激勵孩子。其實，這個「動機」才是客戶真正的需求。而問客戶「需要完成的任務」就能更好地洞察客戶購買背後的真正動機。無論在 C 端市場還是 B 端市場，很多情況下客戶的動機都有很強的情感和心理成分。

第二，多問「為什麼」。

有一種說法是，一個產品經理必須問客戶七個「為什麼」，才能真正了解客戶需求。例如，沿用上面的例子，客戶提出了對鑽頭的需求，你就要問客戶要完成什麼「任務」，也就是為什麼要鑽那個孔。客戶一般會回答「掛東西」。那麼你需要繼續問「掛的東西」是什麼？這時客戶可能就會說「掛小孩獲得的獎狀」。你繼續問「為什麼」。客戶可能就會說「孩子最近缺少學習動力」，他想激勵孩子。這時，你才會看到客戶真正的問題，不是「鑽孔」，而是「孩子缺少學習動力」，他需要進行「激勵」。他所能想到的具體形式之一就是「在牆上掛獎狀」。

但是，很顯然，「激勵孩子」這個問題有很多解決方法。除了「在牆上掛獎狀」，還可以是「帶孩子參加夏令營」、「讀勵志的書」、「參觀名校」、「購買孩子用的自我管理學習軟體」等。多問「為什麼」，不但發現了客戶的真實需求，還挖掘到了更廣泛的需求，也就創造了更多的商機。

第三，優先看心理需求和心靈需求。

很多硬性需求都源於客戶的心理需求和心靈需求，尤其在C端市場。其實，大眾對很多大品牌如Nike、蘋果等消費旺盛，根本原因就在這裡。這些心理需求和心靈需求往往是隱形需求，而且需求量龐大，如同冰山小小山尖下的巨大冰體。

所以，把這個需求洞察清楚並加以利用才是創造出對某個產品形成顯著市場需求的關鍵。可以說，很多洞察的主要

目的就是要看見客戶深層的心理需求和心靈需求。但是對於隱形需求，客戶很難表達，自然也很難洞察。對這種需求的掌握往往最考驗從業人員的洞察能力。

洞察客戶的深層心理需求，定性和定量的方法都會提供幫助，尤其是心理學的一種研究工具，即「心理投射法」（projective technique），也就是用間接的方法把客戶內心的真實感受投射出來。實踐的方法有很多，如聯想法、故事建構法、句子完成法等。關於這方面的著述非常多，這裡不再贅述，下面分享一個經典案例，希望能給你帶來啟發。

1950年代，雀巢公司率先推出即溶咖啡。這個新產品專案斥了巨資。雀巢擔心客戶會覺得即溶咖啡的口味不夠好。因此，為了確保即溶咖啡的成功，在產品上市之前，就邀請了大量目標客戶進行口味測試。客戶的回饋都是正面的，認為這款咖啡不但飲用方便，味道也不錯。但產品上市後，銷量很差。雀巢對這個結果感到很困惑，就展開了深入的市場調查。當雀巢詢問客戶不願購買的原因時，大多數客戶歸結於口味不好。這個時候，雀巢就更加困惑了。因為在之前的測試中，大家都說口味不錯，為什麼現在客戶反而抱怨口味呢？

雀巢知道，直接詢問客戶是無法獲得真實的洞察的。無奈之下他們求助了一位心理學家——加利福尼亞大學柏克萊分校的梅森·海爾（Mason Haire）教授。海爾教授就運用心理投射法設計出了著名的「購物清單實驗」。在這個實驗裡，海

## 第五講　如何洞察客戶的真實需求？

爾教授向參與實驗的人提供兩份購物單。每份購物單上有七項日常食品。兩份購物單的唯一差別就是，一份購物單上列著雀巢即溶咖啡，另一份購物單是傳統的咖啡品牌「麥斯威爾」。然後海爾教授讓參與者對選擇這兩種購物單的家庭主婦做出一個描述。結果顯示，選擇含有雀巢即溶咖啡購物單的家庭主婦被描述成懶惰、沒有愛心、丟三落四、不稱職的母親和妻子等。

雀巢透過這個實驗才發現，阻礙產品成功的根本不是功能型的「口味」，而是心理原因，即家庭主婦不購買雀巢即溶咖啡是她們不願意被家人和外人看成是懶惰和不稱職的母親和妻子。這種深層的心理原因無法透過傳統的洞察手段如問卷、訪談和焦點小組等被看到，需要依靠心理投射法這種間接的方式，讓客戶把自己內心的真實想法如實地投射出來。當然，人的心理是宇宙中最複雜的事情。無論什麼方法都會有它的局限性。所以，要想更好地洞察客戶的內心世界，市場行銷人員還要具備高度的敏感度和同理心，對人性有深刻的理解。這就需要客戶洞察人員深入了解心理學、社會學、經濟學等基本知識，然後豐富自身的閱歷，再不斷歷練，最後自然而然就會形成強大的「讀心術」。這也是一流和普通市場行銷人員的重要區別。

第四,大資料分析和建模。

客戶的真實需求就隱藏在大量的決策和行為數據中。在大數據中挖掘使用者需求(data mining)由來已久。一個廣為流傳的案例就是美國的零售連鎖大型百貨 Target,利用女性客戶的消費資料,就可以很準確地預測出她們是否懷孕,以及孕婦分娩的大致日期。十幾年前,明尼蘇達州的一位父親曾去當地的 Target 發飆,因為 Target 寄了嬰兒產品的折扣券給他正在上高中的女兒,但是後來發現他的女兒果然懷孕了。Target 正是基於資料分析先於家人發現了這個事實。

今天的大數據更加普及,分析能力也更強大。建模和資料分析成為近年來越來越普遍的洞察方法。這種方法適用於具有一定規模的企業。這樣的企業才有資源做好這件事。從長遠來看,這會是客戶洞察的主流方法。以往的定量方法都是基於對某個樣本的觀察分析而推演出適用於整個客戶群的洞察。但是大數據的發展和運算能力的提升,使得企業可以分析整個客戶群的全部數據而獲得完整的洞察,即所謂「把海洋煮沸」(boil the ocean)。在現階段,物理世界和數位世界還有很大的差距,還不能完全迷信大數據。而在不遠的將來,採用人工智慧來分析大量數據,一定是獲取客戶洞察的最有效方式。等到了腦機介面完全實現的年代,企業不但可以直接「讀心」,甚至可以直接控制客戶的內心。

## 第五講　如何洞察客戶的真實需求？

第五，透澈了解情境。

情境就是客戶所處的多元度環境。情境是由「時間和地點」和「人、物、事」的組合構成。不了解情境就無法洞察真實需求。了解情境的最好方法就是「民族誌」（ethnographic study）。這個研究方法源於人類學。人類學家要想研究某個部落，就會和這個部落的人生活在一起，近距離觀察。對於市場行銷人員而言，就是貼近客戶進行實地的細緻觀察。情境不能靠想像，每個客戶的決策和使用情境都可能截然不同。不到現場觀察並且深入到實地實景中，則很難對情境產生真實的洞察。

Ｐ＆Ｇ、英特爾、微軟、樂高等大型企業廣泛使用這種洞察方法了解客戶需求和需求的情境。例如，早年Ｐ＆Ｇ旗下的潘婷洗髮乳想要深入地方市場，他們針對自己對地方的判斷，對產品做了不少改動，但是潘婷系列產品在地方市場推出後仍然業績不佳。潘婷品牌團隊就深入地方市場觀察客戶如何洗頭。他們一到現場就發現在部分地區仍然有人是用水盆洗頭，而針對淋浴而設計的潘婷洗髮液有太多泡沫，很難在水盆裡洗乾淨。基於這個洞察，潘婷立刻修改了配方，能夠讓產品在少量水的情況下也能很容易被洗掉。

民族誌也是全球知名創新設計企業IDEO最推崇的一種客戶洞察方法。當年，IDEO曾經幫助一家口腔保健公司設計一款兒童牙刷。一般的直覺是孩子的手小，需要比較小的

牙刷。但 IDEO 的設計人員實地觀察後發現,孩子們因為手指力量不夠,都會用手掌握住牙刷來刷牙。所以,與直覺相反,孩子們需要的是很好握住的大刷柄牙刷。這個產品推出後大受市場的歡迎,為企業帶來豐厚利潤。

## 民族誌的兩個原則

實地觀察的實施門檻比較低,這個方法比較適合於中小企業,可以比較快速、低成本地獲得使用者洞察。但也有兩個要點需要注意。

第一,要真正貼近客戶,進行「深層」觀察。也就是要深入客戶的生活和使用產品的情境中,和客戶同呼吸,共喜樂,而不是做表面功夫,蜻蜓點水式地觀察客戶。聯合利華要求自家的業務人員,至少花 50 個小時和使用者面對面溝通後才具備工作資格。而且,每週至少要花 10 個小時以上的時間和客戶「泡」在一起。賈伯斯說:「要極度貼近客戶,近到你比客戶早很多就知道他們的需求。」

20 世紀最著名的戰地攝影記者羅伯特・卡帕(Robert Capa)說過一句名言:「你的照片不夠好,只是因為你離得不夠近。」

貼近客戶就是身處現場。而「現場有神靈」。這是日本

## 第五講　如何洞察客戶的真實需求？

「經營四聖」中的「兩聖」稻盛和夫和本田公司的創始人本田宗一郎都堅信的原則。本田宗一郎更是親力親為，他每天到公司的第一件事就是換上工作服去「泡」工廠。很多企業的產品經理都足不出戶，閉門造車，全靠在網路上蒐集資訊，看看第三方報告來了解使用者，又怎能獲得真實的洞察？

第二，要客觀觀察，也就是心裡不帶有假設、答案或偏見去觀察客戶。每個人在判斷問題時都帶著自己的假設和有色眼鏡，但是絕大多數情況下，人們對此渾然不知。例如，如果讓人們回答「11 的一半是多少」，絕大多數人會不假思索地說「5.5」。但是這樣回答本身就已經假設這個問題問的是數字意義上的一半。「11 的一半」為什麼不能是「1」呢？心裡的假設會把一個人的注意力聚焦在所觀察事件或對象的某個面向，而讓他無法看清全景。其實，不僅不能帶假設，還不應該帶著問題去觀察。因為一旦帶著問題去觀察，注意力就會關注和問題有關的內容，而非事件的真相。

有一個流傳甚廣的「隱形黑猩猩」注意力實驗。有黑、白兩隊各自傳球，讓觀察者記錄某一隊傳球的總數。在這期間，會有一個扮成黑猩猩的人從兩隊之間慢慢走過，而且做出各種姿勢。大部分觀察者會專心關注傳球而根本注意不到這隻黑猩猩的存在。因此，只有心無罣礙的客觀觀察才會獲取真正的客戶洞察。理解觀察法的關鍵是觀察的目的不是去尋找問題的答案，而是去尋找問題。

## 客戶洞察的三個障礙

無論如何在現階段客戶洞察都是一個比較具有挑戰性的工作。無論企業如何努力，在有效獲取客戶洞察方面一般有三個層面的障礙要跨越。

第一，客戶層面。

首先，很多情況下，客戶無法說清楚自己的需求。C端客戶的需求，很多都是心理需求，甚至是在潛意識層面，客戶都意識不到，自然也無法表述。B端客戶面臨的都是複雜的問題，很難說清楚自身企業的真正需求。在客戶可以清晰表達需求的時候，他們往往提出的不是需求，而是自己認為最佳的「解決方案」。因此，洞察人員一定要分清「客戶要求」和「客戶需求」。

「要求」經常都不是真需求，有時甚至會損害客戶的利益。在某些特定情況下，客戶還會有意撒謊。這些都對客戶洞察的工作帶來很多困難。另外，市場行銷人員有時無法直接接觸到客戶，更不要說洞察客戶了。例如，在B端市場，銷售面對的往往是決策團隊的成員或客戶代表，但真正的客戶是企業內部員工。因為無法和他們直接接觸，對於他們的需求便很難形成深入的洞察。

## 第五講　如何洞察客戶的真實需求？

第二，自身層面。

客戶洞察需要同理心，更需要客觀如實地獲取和分析客戶證據和數據。但是人有既定思維和視覺盲點。正如一句流行語所說：「如果你手裡有一支錘子，所有東西看起來都像釘子。」做客戶洞察最怕這種主觀的既定思維對一個人看待世界造成的偏差。例如，大眾的一個常見既定思維是，大城市中受到良好教育並有較高收入的族群會更加注意生活的品質，因此是所謂「消費升級」的主要客戶群。但是在現實生活中，這個族群中有很多成員十分重視 CP 值。

還有一種思維偏差是「過度同理心」，即假設「我也是使用者，所以我懂其他使用者」。這種問題在 C 端洞察時尤其顯著。即使購買同一款產品的客戶，也往往有完全不同的「需要完成的任務」或消費動機。做出上述假設的市場行銷人員就具有極大的視覺盲點，很難洞察到客戶的真正需求。

第三，企業層面。

很多企業對客戶洞察的重要性認知不足，或者急於要投放產品。因此，這些企業用於客戶洞察的時間和資源都不充足，無法形成有效的洞察。等到產品開發後期發現了問題，為時已晚。這是很多新產品失敗的主要原因。其實「工欲善其事，必先利其器」，一個企業至少要在需求洞察和分析上投入新產品開發總時間的三分之一，這樣才能有效避免洞察錯誤。

客戶洞察不是一個人的事,因為直接了解客戶遠非形成客戶洞察的唯一途徑。一個企業裡,任何和客戶、經銷商和合作夥伴接觸的同事,都可能對客戶有某些方面的洞察。因此,企業要建立洞察收集和共享平臺,確保每位員工,尤其是產品經理和專案經理,都能輸入對客戶的洞察並且在全企業分享。這樣,企業就逐漸形成了客戶洞察的體系和組織能力,能夠不斷沉澱累積客戶洞察,洞察能力也會不斷增強。

客戶洞察是一種珍貴的組織和個人能力,但它並不神祕。只要日積月累加以歷練,就會不斷提升而修成正果。過去古董店訓練學徒的方式,就是讓他們年復一年,日復一日地看真貨,慢慢就有了感覺,一眼就能辨出假貨。洞察客戶也一樣。只要好好實踐,用心體會,一定可以練就洞察一切的「火眼金睛」。

第五講 如何洞察客戶的真實需求？

# 第六講
# 企業該如何創造客戶需求？

　　對企業而言，準確洞察客戶需求很重要。但要想實現高速成長，企業還需要創造需求。在討論如何創造需求之前，需要先化解一個爭論——需求是否真正能被創造出來，還是所謂創造出來的需求本來就存在，企業所做的只不過是在滿足需求？

## 第六講　企業該如何創造客戶需求？

### 創造需求的本質

回答這個問題就要準確掌握「需求」這個詞的定義。「需求」在漢語裡有多元的含義。人有基本需求，如生理和心理需求。這種需求與生俱來，當然不需要創造。但在商業語境下所說的「需求」，是對具體產品、功能或解決方案的需求。這個需求當然可以被創造出來。事實上，所有的商業需求都是被創造出來的。因此，「滿足需求還是創造需求」的爭論其實是一個毫無意義的假議題。企業為了更好地滿足客戶的基本需求，就需要創造出他們對具體產品和解決方案的需求。

### 兩種潛在需求

如何創造需求？需要從「洞察需求」開始著手。

一般而言，洞察到的客戶需求有兩類：一是現有需求，二是潛在需求。

現有需求是已經存在但還沒有被很好解決的需求。例如行動電源的需求一直就有，但目前市場上還沒有足夠成熟的無線充電產品。

潛在需求是已經存在但還沒有被啟用的需求。例如，一個製鞋廠的銷售人員到非洲去，發現沒有人穿鞋子，就失望

而歸。可是另一個銷售人員去了，大喜過望，因為每個人都可能成為自己的客戶。當地客戶對鞋的需求就是潛在需求。可以說，所以尚未被開發的產品需求都是潛在需求。

另一類潛在需求是未來需求，也就是受現有的理念和技術水準的限制，客戶到將來才會出現的「需求」。例如，對電子皮膚、飛行車和個人潛水艇的需求。在更遠的將來，還可能出現對星際旅行、長生不老和時空穿越的需求，等等。因此，雖然人在身、心、靈三個層次的「天生」基本需求恆常不變，而且數目有限，但消費者的潛在需求是無限的。

如果企業只是想更大地滿足需求，那就重點關注已經存在但是尚未被完全滿足的需求。以手機廠商為例，可改良電池功能和完善相機功能等。如果想創造需求，那麼核心任務就是啟用潛在需求，例如讓非洲每一個沒有穿鞋的人穿上鞋子。如果仍以手機為例，就是創造出對某種產品或功能的新需求，如手機的「感應功能」，或一種嶄新的產商品類別別，如「投影式虛擬手機」，從而開創一個新市場或「藍海」。

創造出來的需求大致有四個層次：一是對商品類別的需求，如早餐麥片；二是對產品的需求，如無糖早餐玉米片；三是對效果的需求，如「鬆脆」的玉米片；四是對品牌的需求，如家樂氏 (Kellogg's) 的玉米片。企業最終需要創造出或開發出針對自身品牌的潛在需求。開發的需求層次越高（例如在商品類別和產品層次方面），就越容易開拓「藍海」，進

而達到快速成長。因此，企業要想實現突破，走上高速成長的快車道，就必須選擇「創造需求」這條路。那麼，企業如何創造需求，或者如何啟用客戶對「產品」的潛在需求呢？

## 創造需求的三個方法

按照從易到難的次序，一般有以下三個方法去創造需求。

第一，創造新情境。

需求和情境連結。如果能夠創造出新情境，就可能創造出新需求。經典的案例是家樂氏早餐玉米片。這個產品最初的消費情境就是早餐。但是，現在的人越來越忙，沒時間坐下吃早餐，導致家樂氏早餐玉米片的銷量下滑。為了創造新的需求，家樂氏推出了小包裝「零食玉米片」，這樣就把客戶對玉米片的消費情境擴展到任意地點和任意時段。這些新情境就帶來了對玉米片的新需求。

索尼當年推出了改變世界的「隨身聽」，也是基於新情境的需求啟用，即離開家在外面也能夠隨時聽到音樂。以前聽音樂，因為音響設備比較笨重就必須在家裡聽，很少人會有在戶外聽音樂的想法。但是，索尼意識到完全可以基於這個新情境打造一款產品，「隨身聽」從此應運而生，從而創造

了新需求。「情境大師」宜家在這方面更加得心應手。宜家在臺灣鬧市推出的「宜家百元店」、日本原宿的「宜家便利商店」等，都是典型的情境創新，有效創造了新需求。

創新出新消費情境就會創造出新的消費頻率。例如香檳。客戶通常是在慶祝某個事件時才會喝香檳。但是這個特定情境的發生頻率太低，限制了香檳的消費上限。為了創造新需求，香檳公司開始推出小瓶香檳，鼓勵客戶每天都可以為一些小喜悅和小成功而慶祝，從而提升了香檳的銷量。全球最大的鑽石廠商戴比爾斯（De Beers）也是這樣做的。鑽戒都是「婚戒」。絕大多數伴侶一生只買一只鑽戒，屬於超低頻率消費。為了創造新需求，戴爾·比斯開始推廣「慶祝鑽戒」，鼓勵人們買鑽戒慶祝人生其他的重大事件，而且每個手指都可以戴鑽戒。這樣就顯著提升了鑽石的消費頻率和客戶需求。

第二，創造新目標。

客戶購買產品是為了用這個產品去完成一項工作或實現一個目標。例如，買鑽頭在牆上鑽孔掛獎狀是為了激勵孩子學習。也就是說，需求不但和情境連結，也和目標直接相關。什麼樣的目標決定了什麼樣的需求。

這裡引用一個流傳甚廣的行銷故事：如何賣梳子給和尚？和尚沒有頭髮，應該沒有對梳子的需求。但是，就算和尚沒有梳頭這個「消費目標」，我們可以為和尚創造新的消費目標，如「按摩頭皮的保健目標」。根據新目標，重新定義梳子

## 第六講　企業該如何創造客戶需求？

的內涵，即不是「梳頭髮」的梳子，而是「梳頭皮」的梳子。另一個目標是讓訪客們感受到被關心，讓他們休息時梳梳頭，即「關愛梳」。其他的消費目標還可以是：給訪客捐香火錢提供一個信物，此時梳子就成為「功德梳」，或者為訪客提供可購買的紀念品，使寺廟獲取收益，也讓訪客此行有豐富的體驗和記憶，此時就是「紀念梳」。同樣的產品，相同的情境，可以有不同的購買目標。這樣新需求就創造出來了。

米其林是法國的百年輪胎企業，它的崛起完全是靠創造出了客戶的「新目標」。當初，有車的人不多，對輪胎的需求也不高。米其林就想了一個方法──開始出版大名鼎鼎的「米其林指南」，上面列出法國各地的好餐廳。這樣，米其林就創造出了出遊的一個新目標──「品嘗美食」。這個目標激發了大家出遊的興趣和需求，也就啟用了市場對輪胎的需求。

另一個例子是英國主要超市森寶利 (Sainsbury's)。有一段時間，在另一家連鎖超市特易購 (TESCO) 的打壓下，森寶利的業績很不好。於是森寶利就想出了一個方法：邀請了英國的一位名廚，在電視的美食節目裡，把英國家庭最常吃的「肉醬義大利麵」的配方改良了一下，加入森寶利專賣的一種調味料。這樣就為家庭主婦到森寶利購物創造了一個新目標，就是「做出最美味的肉醬義大利麵給家人吃」。自此英國客戶對這種調味料的需求大增，大幅帶動了森寶利的整體銷售業績。

第三，創造新問題。

客戶購買產品是為了「解決一個問題」。「需求」就是對解決問題的方案的獲取願望和最終購買行為。本質上來說，對所有產品的需求都源於客戶「問題」。那麼，創造了客戶「問題」，自然可以創造需求。「問題」可以視為打擾客戶的一個情況，讓客戶在身心的某個層面「失衡」或者「不適」。創造問題就是創造痛點。客戶有「問題」才會有「需求」。

例如，年輕人為職場發展而焦慮，這就是一個困擾他們的問題，讓他們的身心不適。為了解決這個問題以讓身心舒適，他們可能會參加線上課程來提升自我，或者去和產業資深人士交流等。

另外，人們喝礦泉水的目標就是解渴。但後來有些企業開始將喝礦泉水與定義個人身分和品味做連結，推出了高階礦泉水。這時，這些品牌企業就為客戶創造了一個新問題，即是否透過喝礦泉水來彰顯個人的身分和品味。買了這些品牌礦泉水，心理上感受好一點，不買就感受差一點，尤其是在社交的場合下。在飲水這個背景下，為了解決「身分定義」這個新問題，客戶對高階礦泉水的需求就被創造出來了。

另一個例子是蘋果電腦。個人電腦從誕生的時候起就是一個裝在黑色盒子裡面的運算器。它完全是一個冷冰冰的功能性產品。客戶的問題是辦公室工作中的「效率低下」，個人電腦有效解決了這個問題，但客戶對電腦的外觀並無要求。

但是在 1998 年，蘋果 iMac（一體化電腦）的出世徹底改變了這個產業。這款電腦不但好用，而且設計美觀、溫暖、充滿情感，一下就抓住了客戶的心。從此，不好看的電腦就讓客戶感到不適，對美觀電腦的需求開始產生。

其實，絕大多數成功的產品或品牌都是因為創造了新問題，從而創造出新需求。因為客戶感受到了這個新問題，不購買這個新產品來解決這個問題就會讓他們感到不適。比如 iPhone 和特斯拉電動車等都是創造了問題，如 iPhone 讓客戶感受到了在戶外用不了電腦和不能隨時拍照的不適。特斯拉電動車讓客戶趕潮流的意願和自己掛鉤，好像不買特斯拉都無法充分表現出自己「很酷」。

創造新情境和新問題能夠有效啟用或創造需求。但是，如何更好地創造新情境和新問題呢？

## 創造新情境的三個方法

創造新情境一般有以下三個方法：

第一，讓現有情境顯現。

情境可能已經存在，可以讓情境在客戶的購買旅程中顯現。這是超市和百貨業常用的做法，就是按照情境來擺放產品。例如按照聖誕節的消費情境把火雞、葡萄酒、甜點、賀

卡等同一情境的物品擺放在一起,也就是按照「整體解決方案」的理念來出售產品,這其實就是捆綁銷售(product bundling)。宜家也是運用情境的高手。宜家會按照家居情境來擺放產品,很容易讓客戶在鮮活的情境裡產生新需求。

第二,進行情境創新。

情境包括「情」和「境」,可以從「境」的三要素(人、物和事)入手進行情境創新。在新情境下就會有新需求浮現出來。例如,這次疫情迫使各個教育機構進行情境創新,全球幾乎所有大學都採用了線上教學的新情境。這個新情境就會創造出很多的學生新需求,如課程的精細模組化、線上的課後輔導和課程內容的娛樂化等。

第三,創造數位化新情境。

創造數位化新情境可以是將傳統線下情境轉移到線上,也可以是利用數位化平臺創造客戶旅程中的新情境。例如,各大航空公司基本把客戶登機前的旅程數位化。航空公司在數位化情境下創造出了客戶叫車、訂旅店等新需求。客戶可以一鍵完成旅遊消費的解決方案。

創造新問題也有幾種方法,企業可以考慮按照自身的具體情況來加以運用。

## 第六講　企業該如何創造客戶需求？

# 創造新問題的四個思路

如果新問題帶來新需求，那麼企業如何創造新問題呢？

第一，讓潛在問題顯化。

有些問題其實存在於人的潛意識裡，企業可以想辦法讓它顯露出來。這種問題一旦「公開化」，就會創造或啟用客戶需求。例如，很多人都喜歡吃火鍋，不但味美，而且有氣氛。可是，吃火鍋容易發胖。這恐怕是很多女性的一個顧慮。那麼，如何創造客戶對健康火鍋或者減肥火鍋的需求呢？就要把人們內心對吃火鍋的內疚和罪惡感挖掘出來，然後打造新的商品類別，例如「好吃不胖」的火鍋，強調食料健康，而且用中藥燉湯，同時控制客戶食用的量和調味料用量。

第二，把小問題變成大問題。

創造出的「客戶問題」越嚴重，或「痛點」越痛，被激發的客戶需求就越旺盛。因此，有時候問題本身是小問題，但可以把它變成大問題。例如，雞精類的保健食品將自己包裝成一個表現孝順的工具，好像不送雞精就不孝順老人。在這種新問題的壓力下，變會掀起消費者對雞精的需求熱潮。

第三，把單問題變為多問題。

創造的問題越多，開發的需求就越多。因此，在了解客戶現有的問題之後，還要不斷幫助客戶對現有問題進行擴

展和升級,從單一問題變成多重問題,由此創造新需求。例如,語言學習平臺要的「客戶問題」是學員想在英文考試中得高分。但是在多問幾個「為什麼」之後,就了解到這些客戶最終要解決的「問題」是能夠留學、出國旅遊。那麼,解決這個問題僅靠英文成績是遠遠不夠的,還有「仲介服務」、「接機服務」、「當地生活服務」等。當然,留學還不是最終的客戶問題,而是希望留學畢業後找到好工作,有一個好前程等。當幫助客戶把這些問題不斷延伸並升級後,客戶相應的需求也就被創造出來了。這時候,如果這些相關產品已經存在,就可以做「交叉銷售」(cross-selling)和向上銷售(up-selling)。如果這些相關產品不存在,就可以進行新產品開發和創新。

第四,專注客戶的心理問題。

由前面的例子可以看出,創造出的客戶需求「問題」大多和心理相關。這點在 C 端市場尤其明顯。很多潛在需求都是心理需求和心靈需求所導致的產品需求。因此,創造問題要多關注可以被創造出來的心理問題。心理問題會產生新的消費動機或消費目標,也會激發新的情緒,而情緒才是需求的最大驅動力。

例如,P & G 旗下的吉列刮鬍刀進入印尼時,曾面臨一個很大的挑戰。印尼是伊斯蘭國家,男性有蓄鬚的習慣。這樣的市場又怎能賣出刮鬍刀呢?吉列當然不能透過改變宗教習慣和創造新情境來創造新需求,而是從客戶的心理需求入

## 第六講　企業該如何創造客戶需求？

手,創造了一個新問題,即剃鬚能讓一個男人看起來更整潔乾淨,也能展現出他的文化和修養。這其中的潛臺詞是,剃鬚的男人在異性面前會更有魅力,也會有更多的擇偶機會和選擇。如果蓄鬚,則會帶來反面效果。這時,吉列成功地創造出了一個新問題,即「不剃鬚會讓自己喪失吸引異性的能力」。這實在是一個非常強大的「心理問題」,由此迅速激發了客戶情緒,創造了對吉列產品的龐大需求。

當然,環境和趨勢的變化也會帶來新問題。例如,新型冠狀病毒感染疫情讓全球各個機構都產生了「溝通」的大問題,如無法見面,如何開會、交流、討論和上課等。這個大問題帶來了大量對視訊服務有需求的客戶。此時,Zoom等視訊會議服務軟體就完美地解決了這個問題,從而實現了高速成長。在這種情況下,客戶問題不需要企業來創造,企業只需要抓住機會,盡快用有效率的方法解決客戶問題。

最後,創造客戶需求並不是高不可及的,更非大企業的專利。其實,在這方面,中小企業更有優勢。因為大企業有幾個固有的問題(例如航道難以改變),所謂「船大難掉頭」,「部門隔閡」厚重,只專注回報足夠高的大型專案等。創造客戶需求則要求企業能夠靈活善變,勇於嘗試並快速更新,部門之間也可以進行有效的合作等。在這些方面,中小企業顯然更有優勢。因此,中小企業一定要有勇氣和信心,力爭成為創造需求的主要推動力。

# 第七講
# 如何打造一款好產品？

　　了解了客戶需求，就要打造一款好產品來滿足這些需求。

　　在講產品之前，仍然需要強調需求的本質：需求源於客戶問題。既然有問題才有需求，那麼客戶真正需要的是解決他們問題的方案，或解決他們問題的功能。更準確地說，是那個問題解決後的結果。這個功能和結果怎麼交付並實現呢？很簡單，就是透過產品。

## 第七講　如何打造一款好產品？

## 產品的本質

這樣看來，產品就是那個解決客戶問題的方案，也是帶給客戶所期待結果的效能。因此，產品的本質不是零件和功能的集合體，而是無形功能的集合體。例如，手機不是電話、相機、錄音機和掌上電腦的集合體，而是娛樂、社交、生產力和身分定義等功能的整合。更準確地說，手機是交付這些功能去解決客戶問題或實現客戶期待結果的平臺。這是企業打造一切產品的出發點，即從客戶的角度看待產品和產品策略。

有了這個正確的出發點，才能探討如何打造一款好產品。

何為好產品？從結果來看，就是在市場上能夠獲得快速成功，並能夠長期維持優勢的產品。例如推出後很快就紅遍全球的蘋果產品，問世僅一年就達到上億客戶的微信，還有在全球疫情期間大放異彩的視訊會議軟體 Zoom。

從特性來看，好產品就是有效解決客戶問題的產品。例如戴森吸塵器，吸力強勁，簡單易用，美觀大方，不但除塵效果極好，而且讓客戶有成就感，同時滿足了客戶的理性和感性需求。從操作來看，好產品是企業在客戶問題、技術問題和商業問題之間找到的一個完美均衡點，給客戶在正確的時間交付了正確的體驗的同時，也實現了企業的商業目標。

## 打造產品的五個原則

打造出好產品是一個複雜的系統工程，當然很不容易。研究顯示，80% 到 90% 的新產品剛一上市，就宣布失敗了。這就是為什麼真正的好產品可謂是鳳毛麟角。要想成功，除了需要正確的策略、高品質的人才、大量的投入之外，還有努力和運氣。儘管很難，但成功的產品還是有一些共同性的。這裡總結了打造產品需要遵循的五個原則，同時適用於 B 端和 C 端的產品。

第一，聚焦正確的客戶問題。

什麼是正確的客戶問題？

首先，這個問題要真實存在。這個要求聽起來似乎很容易達到，但令人吃驚的是，不少企業在這上面會犯錯，以至於美國著名創業和風險投資者保羅‧格雷厄姆（Paul Graham）曾感嘆：「新創企業最常見的錯誤就是解決了一個並不存在的問題。」這是因為很多企業的產品團隊過度關注技術和功能，反而把需要解決的客戶問題給忽略了。

舉個例子，加州企業 Herb & Body 推出過一款智慧餐桌產品，就是帶有音樂播放和變色燈光顯示功能的食鹽噴灑器 Smalt。這個在家裡和手機搶插座的奇葩產品，推出後立刻在網路上被客戶各種吐槽和取笑。很顯然，這款產品需要解決的客戶問題根本不存在。

## 第七講　如何打造一款好產品？

當然，這種錯誤不局限於新創企業，擁有雲絲頓和駱駝等知名品牌香菸的美國雷諾菸草公司（RJ Reynolds）也曾犯過同樣的錯誤。該公司在 1988 年高調推出了無煙香菸。癮君子抽菸就是為了吞雲吐霧，所以根本沒有這個需求。雷諾虧損 10 億美元後不得不放棄這一產品。

很顯然，以上兩家企業都陷入了創意「自嗨」，沒有為客戶解決真實存在的問題。因此，產品成功的第一要務就是具備很強的「市場契合度」（product-market fit）。很多企業在「沒有找到釘子之前就去造錘子」，最後開發出來的產品毫無用處，客戶自然不感興趣。這是絕大多數新產品失敗的主要原因。

怎樣確定是否聚焦了正確的客戶問題呢？可以看這個問題是不是符合「4U 問題」的標準，即緊急的（urgent），客戶無法迴避的（unavoidable），客戶目前的方案是無效的（unworkable），目前市場上缺乏有效方案的（underserved）。如果要解決的客戶問題符合這四個條件，產品開發就找到了突破口。當然，最好是能找到一個類似「火燒頭髮」（hair on fire problem）這麼緊急重要的問題。這時，就算產品的第一版本還有很多問題，客戶也會急於使用。客戶的回饋就可以幫助企業不斷提升產品，而對這款產品的使用是最強而有力的推薦。

例如，1990 年代初期，網際網路剛剛建立。客戶對從網路上獲取大量資訊有必要而又急迫的需求，但是當時市場上沒有高效的網頁瀏覽器。因此，馬賽克瀏覽器（Mosaic）在

1993 年推出後,雖然有速度緩慢,而且不能同時下載多個圖片、檔案等問題,仍然迅速風靡全球,直到效能更優異的網景瀏覽器(Netscape)將它替代為止。

第二,聚焦高成長市場。

好產品不但要高效解決客戶問題,還要能給企業帶來持續成長。產品團隊聚焦的客戶問題不但要重要,還應該很普遍。這樣就會有足夠的需求來承載產品的大規模銷售。

例如,美國的個人財務軟體企業直覺電腦公司(Intuit)的創始人史考特‧庫克(Scott Cook)就是看到自己的妻子抱怨支付各種帳單太過麻煩,而獲得了開發個人財務軟體的靈感。他同時看到這是一個困擾每一個美國家庭的普遍問題。而當時個人電腦的興起又讓簡單易用的個人財務軟體有了高速發展的基礎。基於這個判斷,史考特‧庫克在 1983 年創立了直覺電腦。推出產品後直覺電腦獲得極大成功,並成為在個人軟體應用領域極少數擊敗微軟的企業。

另一個例子是 Google 地圖的開發。Google 的創始人賴利‧佩吉(Larry Page)和謝爾蓋‧布林(Sergey Brin)早在 2004 年就發現,25% 的 Google 搜尋和地圖有關。他們馬上意識到這是一個巨大的市場,於是投入重金開發了 Google 地圖。今天,Google 地圖成為全球億萬客戶使用頻率最高的一款應用產品。可以說,「重要緊急問題」加上「足夠大的市場」是形成好產品的兩大條件。而要精準找到客戶正確的問題和正確的

市場，需要對市場有深刻的洞察，也是產品經理的關鍵能力。

第三，聚焦核心價值點。

核心價值點就是驅使客戶購買的關鍵理由。好產品都有一個清晰又強大的核心價值點，並以此聞名。例如蘋果的簡潔、戴森的效率和 Google 的精準等。找到了核心價值點，新產品才可能在這個價值點上做到極致，快速穿透市場。例如，Google 文件軟體（Google Docs）聚焦核心書寫功能，比微軟功能臃腫的辦公室軟體 Word 更加方便簡潔，因而受到年輕人的喜愛。

確定了目標客戶，知道了客戶急需解決的問題，以及客戶所期待的最佳結果，產品團隊就應該能夠確定需要聚焦的核心價值點。但很多產品團隊無法很清晰地講清楚客戶的真正需求，在做產品時好像覺得什麼都重要，導致功能大而全，產品不聚焦。這便造成新產品往往功能臃腫，特徵不明顯。其主要原因還是沒有找準客戶問題，對目標客戶的核心需求掌握不清楚，所以不知聚焦何處。

由此可見，核心價值點是產品的靈魂，其後的產品規劃和設計都應該圍繞這個價值點展開。同時，這些核心價值點也是打造一個「最小可行產品」（MVP，minimum viable product）的基礎。產品團隊在沒有把核心價值點做到極致之前，不應為任何事情分心。這時候需要對客戶甚至老闆說「不」。

正如賈伯斯所說:「創新就是對一千件事說不。」這樣才可能把「最簡可行產品」變成客戶的「最低可愛產品」(MLP, minimum loveable product)。

對任何產品而言,最重要的核心價值點就是「簡潔」。這也是蘋果、Google、亞馬遜和戴森等企業的產品成功的關鍵。偉大的產品絕對不能麻煩客戶,它應該顯著降低甚至消除客戶在解決問題時所需要投入的努力。另外,對於客戶而言,產品的核心價值點必須顯而易見,即具有很高的「可視性」。例如,戴森強力吸塵器透過透明的吸筒,讓客戶直觀感受其核心功能「效率」。

第四,實現顯著的差異化。

只單純聚焦核心價值點是不夠的,還需要把核心價值點做到極致,以形成和競爭對手產品的顯著差異化。什麼叫顯著差異化?伊隆・馬斯克和美國著名創業和風投家彼得・泰爾(Peter Thiel)認為,產品要比對手好十倍,也就是要比競品強十倍,拉開明顯的距離。只有這樣,產品才能顛覆市場的現有領袖或在一個新市場形成自然壟斷。絕大多數成功的企業如亞馬遜、優步、Google、臉書,以及早年的SWATCH手錶等都是靠顯著差異化的產品實現了突破。

但是現在絕大部分新產品往往只比現有產品好一些,差距根本不顯著,都是所謂「漸進式創新」,所以無法引起客戶的

## 第七講　如何打造一款好產品？

注意和興趣。好產品必須在核心價值點上具有顛覆性，尤其是在技術驅動的市場。例如，Google 地圖為了在產品上形成顯著差異化，不惜重金買下史坦利自動駕駛汽車公司，專門設計了拍攝街景的汽車。Google 還收購了 Skybox Imaging 衛星公司，發射自己的地球監測衛星來保證地圖資料的完整和精確。

第五，專注於客戶體驗設計。

既然客戶購買產品是為了獲得解決自身問題的「方案」和最終結果，那麼所有的產品本質上都是服務。在數位化時代，客戶旅程日漸複雜，所有的產品不僅在於提供服務和功能，還在於創造客戶體驗。因此，好的產品必須是產品和體驗的結合。從這個意義上說，產品開發和設計就是客戶體驗的開發和設計。

這樣看來，確定了核心價值點後，產品開發的下一步就應該是完成客戶體驗的定義。也就是說，企業想為客戶創造什麼樣的體驗。一旦定下了體驗設計原則，產品開發的每次努力都應從客戶核心體驗的角度出發，並永遠不偏離這個方向。

這就是蘋果公司的產品開發之道，即賈伯斯所說的「逆向工作法」（work backward）。也就是說，一切產品開發都從客戶體驗出發，倒推出實現特定體驗所需要的技術研發和產品設計要求。這是蘋果公司成功的祕密之一。也就是說，客戶體驗主導產品的整個開發生產過程。因此，在蘋果公司，產品設計師是產品開發的主宰。其他所有部門如研發、財務、

人力、行銷和供應鏈等都受其調動。為了確保客戶的極致體驗，蘋果公司採取了極端做法：在產品製造出來之後，會做四到六週的測試和調整，這個過程可能重複多次，成本非常高，但很多使用感受的問題都能在這個過程裡被解決掉。

## 客戶體驗設計的重要性

為什麼體驗設計在打造產品中如此重要？

其一，產品不但要解決問題，而且要以最好的方式解決客戶問題。最好的方式就是在最大限度地降低客戶麻煩和消耗的基礎上，實現產品效能的最大化使用。也就是說，產品好用才能讓客戶充分提取出產品的核心價值點或功能，否則再好的產品功能也像茶壺裡的餃子──根本倒不出來。因此，簡單易用幾乎是產品設計的最高原則。例如，蘋果公司在 2007 年推出 iPhone 時，為了確保「簡潔」這個核心價值點，果斷放棄了一些重要的產品效能，例如「可返回控制」、「撤銷功能」和「恢復功能」等。

其二，客戶在產品的整體消費過程中有良好的體驗，才會更有效解決自身的「整體問題」。以清洗衣服為例，這個客戶問題就至少包括「購買前」、「使用中」和「使用後」三個階段。在每個階段，客戶都有不同的需求點和小問題。例如，

## 第七講　如何打造一款好產品？

獲取產品資訊、存放產品、選擇最佳用量等。這個消費過程中的任何一個環節出現了體驗痛點，都會影響到產品解決客戶問題的能力。

因此，P ＆ G 公司研發和行銷人員每年都要進行大量的客戶拜訪，詢問或觀察客戶的整個洗衣過程，以洞察整個洗衣過程中的各種需求。他們關注的是，客戶在整個處理衣服的過程中會遇到什麼障礙，P ＆ G 如何能夠幫到客戶使得洗衣任務更容易。例如，為了讓客戶購買產品更為方便，P ＆ G 和亞馬遜合作推出一鍵購物按鈕 dash。這是帶磁鐵的小按鈕裝置，可以吸在洗衣機門上。當客戶發現洗衣粉快用完時，按一下就可以直接在亞馬遜上下單購買。

可以看出，P ＆ G 不僅專注產品，還力求為客戶提供一個良好的整體消費體驗，幫助客戶在清潔衣物的問題上更加便利。可以說，客戶體驗是「產品功能」和「客戶問題」之間的橋梁，必須成為產品設計中不可或缺的一環。這就是產品開發的「流程視圖」（process view），也就是，從客戶的總體消費旅程的角度看待產品的設計，讓產品無縫、自然地嵌入客戶旅程中。

其三，產品不但要解決問題，還要打動客戶的內心。良好的消費體驗能夠讓客戶產生歡愉的感受。這樣就會顯著提升客戶對產品的滿意度，不但自己會重複購買，還會推薦給他人使用。神經科學和心理學的前瞻性研究顯示，人是情感

動物,是情感和主觀感受驅動他們的決策,而不是大家一貫認為的理性和事實。因此,客戶情緒狀態直接影響他們的消費行為。著名神經科學家安東尼奧‧達瑪西奧(Antonio Damasio)的研究甚至指出,如果一個人主管情感的腦區受損,他就完全喪失了選擇的能力。而 2002 年諾貝爾經濟學獎得主心理學家丹尼爾‧康納曼(Daniel Kahneman)的研究顯示,人的絕大多數決策是由他的第一系統,也就是情感直覺系統所驅動的。

因此,要想直接影響客戶對新產品的採用和推薦,就要觸動客戶的情感和內心。也就是說,產品團隊不但要設計出優質的產品體驗,還要盡量使客戶的旅程體驗達到最佳化,在整個旅程中的多個產品和服務接觸點準確掌握客戶情緒的變化,並為客戶注入更為良好的情緒。這樣不但會顯著提升客戶對產品的滿意度,還能增加競爭對手複製的難度,從而形成有效的競爭壁壘。

## 好產品源自價值觀

當然,除了以上五個核心原則之外,打造一款好的產品還需要清晰的產品策略、合理的評估指標、不斷嘗試調整的機制和依據數據資料進行決策的習慣。產品開發完成後,在行銷時自然還需要管道和品牌建設。當然,打造好產品還需

## 第七講 如何打造一款好產品？

要能力超群的產品經理。運氣也很重要。由此可見，一款好產品的問世需要天時、地利、人和俱足，的確很不容易。企業要想持續推出好產品就更難，這就要靠企業的價值觀。價值觀是一個企業最基礎的東西，企業有什麼樣的價值觀，就會做出什麼樣的產品。如蘋果和 Google 等都有鮮明的企業價值觀。這樣看來，企業價值觀才是好產品的真正推動力量。

# 第八講
# 如何打造產品的差異化？

　　打造一款好產品的關鍵，就是在產品的核心價值點上打造顯著的差異化。近幾年在全球市場上飛速崛起的快時尚品牌SHEIN，就以速度著稱，遠超這個商品類別的全球領袖Zara。例如，Zara最少需要14天來完成一輪新品，而SHEIN僅需7天。SHEIN每月上新量過萬，和Zara全年上新量相近。在如此強大的差異化的推動下，SHEIN在歐美和中東市場極受歡迎。可以說，在各個產業都競爭激烈的紅海時代，有了顯著差異化，才會給客戶在眾多競品中選擇你的理由。這樣才能確保企業的成功。

## 第八講　如何打造產品的差異化？

### 顯著差異化的重要性

這裡特別強調「顯著」兩個字。絕大多數產品自認為有差異化，客戶卻無動於衷，就是因為這些差異化不夠顯著，所以客戶感知不到。例如，很多品牌汽車公司都說自己的車空間大、動能強、內裝好、省油……聽起來好像與眾不同，其實大同小異，根本無法引起客戶的興趣。

另一種情況是，客戶可以感知到差別，但根本不會在意。例如，新加坡航空公司的特色服務，除了強調空服人員的服務態度以外，還對空服人員的著裝有著嚴格的要求，力求塑造獨特鮮明的「新航女孩」形象。甚至在機艙內使用專用的香味噴霧和毛毯、枕頭，讓乘客對新航形成獨特的嗅覺和觸覺記憶。但是，這些服務上的「差異化」對客戶的飛行體驗沒有什麼顯著的改善，屬於無效的「弱差異化」，並不能帶來業績的明顯提升。

真正的產品差異化必須是在核心價值點上形成顯著的差異。這就是伊隆·馬斯克和彼得·泰爾（Peter Thiel）所說的「比對手好十倍」。在這種情況下，客戶才能明顯地感知到差異化，而且能夠產生強烈的興趣。例如，對於航空服務而言，真正的差異化是經濟艙個人空間的顯著擴大和飛行時間的明顯縮減。

這樣的差異化也就可以改變客戶的消費觀念和購買行為，帶來對市場的顛覆。例如，蘋果公司在 2007 年推出的第一代智慧型手機，簡化按鍵，採用觸控式螢幕。更重要的是，它裝載大量的應用軟體，實現了極其豐富的功能，完全把手機變成了具有手機功能的掌上電腦。而且，蘋果手機設計美觀，成為客戶身分和品味的象徵。這樣蘋果手機就和 Nokia 的傳統手機形成了極為顯著的差異化，由此迅速顛覆了全球手機市場。可見，只有這樣的「顯著」差異化才能從根本上超越競爭對手，獲得持續的成功。

## 更容易理解「顯著差異化」

如何打造具有顯著差異化的產品呢？

第一，要消除一個常見的誤解，就是打造顯著差異化的產品必須在技術上實現關鍵突破。當然，技術突破或顛覆式創新的確是形成顯著差異化的一個極其有效的手段（例如，Google 的自駕車、特斯拉公司的超級高鐵和馬斯克創立的 Neuralink 公司的人腦晶片等，都展現了這一點），但絕不是產品形成顯著差異化的必要條件。

第二，差異化是相對於競品而言的。因此，清楚地定義競品很重要。但誰在和誰競爭，這個問題其實並不容易回

## 第八講 如何打造產品的差異化？

答。產品之間的競爭不是在貨架上，而是在客戶心中發生。只有從客戶的角度來看，才能真正看清誰是你的競品。

例如，前面講過的飲料店，從產品角度看，競品是其他品牌的飲料和其他熱飲。從客戶角度看，該飲料店的競爭對手則是所有為「客戶問題」提供解決方案的商家。那客戶想用喝奶茶解決什麼問題呢？在不同的情境，客戶可能有不同的問題要解決。

如果客戶透過消費熱飲需要解決的問題是「繁忙生活中的自我犒勞」，那麼巧克力、軟飲料，甚至奶油麵包、堅果零食都可能是它的競品。因此，準確找到了客戶需要解決的問題，也就找到了競品。這樣才可能針對它們，達成產品的顯著差異化。

那麼如何打造具有顯著差異化的產品呢？最直接的方法就是「商品類別創新」。

## 商品類別創新的定義

首先，要先理解什麼是新商品類別。簡而言之，新商品類別就是圍繞一個新的核心價值點而打造出的產品新類別。這個新價值點往往會以一種新的而且是更好的方式來解決客戶的問題。因此，新價值點通常會創造出新需求，從而開創

一個新市場或藍海市場。更重要的是，因為新價值點解決客戶問題的方法如此不同，所以客戶往往不會把它和競品混為一談，而會在認知上開啟一個新的空間來承載它，並給予它一個新的標籤和含義。

例如，優步就是典型的新商品類別。和傳統計程車相比，優步提供了手機叫車並付費的簡易方便新功能，讓人免除站在路邊招手攔車之苦，很多過去不坐計程車的人也開始進行這種消費，從而開創了一個高速成長的新市場。在客戶心中，優步不是「共享」計程車，而是「個人」出行服務，是一個在根本上有別於計程車的新商品類別。

歸納一下，新商品類別至少要符合兩個條件：第一，新核心價值；第二，新含義。一般而言，成功的新商品類別往往還需要依託新市場和新商業模式，這就是商品類別創新成功的雙軌驅動。例如，優步開拓了新市場，同時採用了和傳統計程車完全不同的商業模式，才實現了市場的快速突破。

商品類別創新是企業常用的新品開發手段。但是，絕大多數所謂的新商品類別都不滿足上述兩個基本條件。例如兒童安全地墊、親子飯店、綿柔型烈酒、假日女裝等所謂的新商品類別，都沒有創造出一個真正新的核心價值點，而是基於現有的產品價值試圖打造出一個新概念或新含義。然而，新含義必須有顯著「改變客戶行為和感受」的新價值點為支撐，才能在客戶心智中形成。因此，這些都屬於「偽商品類別創新」。

## 第八講　如何打造產品的差異化？

## 商品類別創新的三個思路

明白了什麼是新商品類別，如何做商品類別創新呢？

一般有三個常用的思路。第一，從產品入手；第二，從技術入手；第三，從客戶入手。

從產品入手有兩種方法 —— 商品類別混搭和商品類別移動。

商品類別混搭就是把兩個商品類別融合在一起而形成新商品類別。例如，蘋果的 iPad 本質上就是一個大號的智慧型手機和平板電腦的混合體，SWATCH 手錶也是由手錶和時尚裝飾搭配而成，還有現在正在發展的飛行車也是汽車和飛機的融合。這是打造新商品類別最常見的做法。

商品類別移動就是把一個目標市場的產品轉移到另一個目標市場，最常見的就是把傳統的 B 端產品移到 C 端市場。例如豆漿機和咖啡機，以前賣給豆漿店和咖啡店，後來這些企業推出了家用款，這樣消費者在家也能做出豆漿和咖啡。這樣就打造出了新商品類別。

當然，把傳統的 C 端產品移到 B 端也可以形成新商品類別。例如，加拿大著名的太陽劇團（Cirque du Soleil），以前是針對大眾市場的傳統馬戲團，後來因為孩子們不再鍾愛這種娛樂形式，就轉型做高級歌舞雜技表演，專注於企業和高階客戶，也成功打造了一個新商品類別。

商品類別移動還有幾種情況，就是可以把傳統女性產品移至男性市場，例如男性美容產品；或把兒童產品移至成人市場，例如成人版樂高；還可以把產品移去另一個完全不同的市場，例如美國日用品企業丘奇及德懷特（Church & Dwight）的小蘇打粉也作為清潔劑出售。

從技術入手也有兩種方法，一是「商品類別升級」，即順應新技術時代對傳統商品類別進行升級而形成新商品類別。最好的例子就是網路帶來的眾多新商品類別，如線上超市、線上大學和線上銀行等。蘋果的早期產品iPod也是一種商品類別升級。其實「隨身聽」這種產品早就存在了。1990年代後期，蘋果公司看到了數位化技術正在成熟，同時也看到客戶對「個人化音樂」的訴求，就率先打造出「數位化隨身聽」這個新商品類別。曾經風靡一時的iPod就這樣橫空出世了。

二是「商品類別整合」，就是利用新技術將分屬不同產商品類別別的功能整合到一個產品平臺上。還是以蘋果公司為例。2007年蘋果公司推出的智慧型手機iPhone，兼具掌上電腦、電話、照相機、攝影機和錄音機等產品功能，開創了一個改變世界的新商品類別。目前來看，人工智慧、虛擬實境、區塊鏈等技術平臺都是傳統商品類別進行「商品類別升級」和「商品類別整合」的契機。

從客戶入手也有兩個層面：第一，客戶問題；第二，客戶情境。

## 第八講　如何打造產品的差異化？

先講「客戶問題」層面。本質上來說，商品類別創新就是應對客戶問題的一種新解決方案。因此，要想進行商品類別創新，企業就需要從總體視角看客戶需要解決什麼問題、實現什麼目標，而不是看他們需要什麼功能。用伊隆·馬斯克的話說，就是要遵循「第一原則」的思考方式。

優步便是一個典型的商品類別創新。實現這個創新的出發點不是如何提升客戶搭乘計程車的體驗，而是如何改善解決客戶的出行問題，從而打造出一個和計程車完全並列的新商品類別，而非一種更好的計程車服務。

Airbnb 是另一個非常成功的商品類別創新。實現這個創新的出發點不是如何提升客戶的住宿體驗，而是如何妥善解決客戶的「遊覽觀光」問題。因此，Airbnb 不是一種新的住宿形式，而是代表一種新的體驗方式，甚至是生活方式。Airbnb 提供的不僅是住宿，還是對當地生活的一種獨特的深度體驗，從而打造出一個和傳統旅塑完全不同的新商品類別。

「客戶情境」層面就是要關注客戶使用產品的情境，然後從「消除痛點」的角度出發，打造新商品類別。例如，美國一家公司 Modobag 推出的可騎乘登機箱就是基於這樣的考量。客戶出行的一個主要問題就是行李箱太重，再帶上孩子就更麻煩了。當然，一般的旅行箱會用「萬向輪」來解決這個問題。但是如果考慮到「在機場」這個客戶情境，「萬向輪」遠

遠無法滿足客戶對「輕鬆出行」的需求。因此，該公司打造出這款如同微型摩托車一樣的登機箱來解決客戶問題，不僅可以減輕客戶拖行李的負擔，還能直接代步，讓客戶騎在上面輕鬆地抵達目的地。

當然，也可以針對「客戶情境」進行商品類別創新。例如，這兩年流行的水果麥片，可以直接食用或煮食。這個新商品類別的產生，就是考慮到客戶可能在工作時或休閒時食用。燕麥的食用情境因此得以延展。這類創新必須有真正的新價值點為支撐。

圖 8-1 總結了商品類別創新的三個思路。

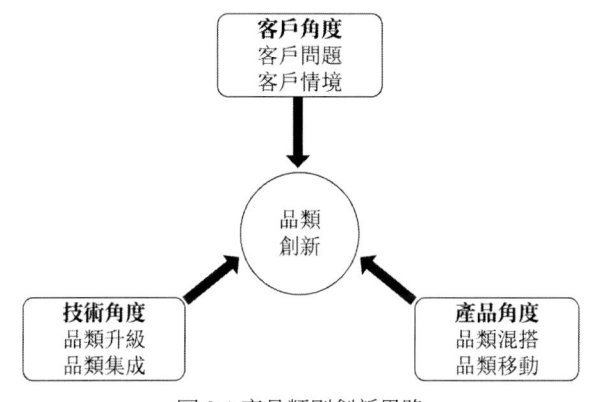

圖 8-1 商品類別創新思路

了解了商品類別創新的基本思路，還需要深入掌握商品類別創新成功的驅動要素。

第八講　如何打造產品的差異化？

## 商品類別創新成功四要素

第一，正確地定義新商品類別。

新商品類別意味著新含義，不然客戶無法在心中為這個產品拓展新空間。因此，定義商品類別「是什麼」非常重要，這就是商品類別的含義創新。商品類別定義的要點是借力使力，和現有商品類別或知名品牌形成連結，但要有顯著不同。例如「電子書」的定義就比「移動閱讀器」更讓人容易理解和接受。用現有大品牌進行類比也是一種常用的方法。網飛（Netflix）在創立初期自稱是「串流媒體領域的蘋果」，很快就在客戶心中建立了對於網飛這個新商品類別的認知。

在定義新商品類別時，還要深刻理解客戶當下的商品類別含義認知。例如，若想依靠礦泉水打造新商品類別，一個想法可以是加入維生素或營養素的保健型礦泉水。但客戶的商品類別認知可能是「礦泉水就是要純淨，無添加物」。那麼上述商品類別可能無法獲得客戶的認可。

第二，開拓新市場。

一般而言，成功的新商品類別都專注於新目標市場。例如服務於邊緣使用者、游離使用者和非使用者，再把他們變成主流使用者。一個開拓藍海市場的新商品類別成功的可能性會高很多。例如，任天堂開發的運動遊戲機 Wii 就是把電子遊戲的非使用者，如兒童、老人等轉換為使用者，從而獲

得了巨大的成功。SWATCH 的成功也是這樣。SWATCH 聚焦以前從不購買手錶的年輕世代,創造出一個體量巨大的新市場來承載自身的成長。

第三,採用新商業模式。

成功的商品類別創新背後往往有一個非常適合的新商業模式。其實企業核心和本質的差異化就是商業模式的差異化,而商業模式的差異化也是最堅固的競爭門檻。賽福時(salesforce.com)在 1999 年創立時,就大力推動它基於「軟體即服務」(Saas)理念上的客戶關係管理系統。這種理念把單個軟體產品變成企業終身服務,不但在商品類別效能上,而且在商業模式和競品上產生了顯著的差異化,為客戶提供了優異的新價值。

第四,運用新行銷手段。

很多情況下,新商品類別會聚焦藍海市場,所以往往需要新的行銷手段。SWATCH 選擇全球年輕一代作為目標市場。和傳統手錶企業相比,SWATCH 採取了非常獨特新穎的行銷手段,例如舉辦針對年輕族群的音樂節,在鬧市區設立有關手錶的專門小店和快閃店等。

## 第八講 如何打造產品的差異化？

# 打造商品類別創新的組織能力

當然，商品類別創新不是輕而易舉就能成功的。企業必須注意以下三點：

其一，建立包容錯誤、鼓勵嘗試的創新文化，同時提升自身對風險的接受能力。

任何創新都有風險，商品類別創新也不例外。企業要有一種鼓勵嘗試的創新文化，這樣才能夠激勵團隊，同時吸引創新型人才的加盟。只有具備了一種特立獨行、敢顛覆的態度，並敢在風險專案上擴大投入，企業才有可能創造出改變市場格局的新商品類別。

其二，實施商品類別創新需要企業建立一種不同的組織能力，例如橫向思維能力。除此之外，還需要多元化背景的團隊，更加注重長期效果的考核機制和跨部門的溝通等。建立新的組織能力，對很多企業而言並不容易。企業的慣性往往會扼殺商品類別創新的可能性。因此，很多時候，負責商品類別創新的團隊最好和總部分離，獨立運作，不被現有思維和流程束縛。

其三，建立「入門」門檻。

真正有意義的差異化必須有競爭門檻，商品類別創新也不例外。儘管新商品類別創新者可以透過先發優勢在客戶心

中建立一定的認知門檻，如商品類別代言所享受的種種認知優勢。但僅有這種心智門檻是不夠的，企業還需要在技術層面、客戶關係層面、營運層面、品牌層面和商業模式層面建立全方位的門檻。除了技術門檻之外，另一個強大的門檻是生態系統門檻。蘋果強大的主要原因就源於它強大的生態系統。這也是三星和其他品牌最需要跨越的競爭門檻。

商品類別創新不但可以形成產品顯著的差異化，也可以幫助企業實現突破和快速成長。研究顯示，對於大企業而言，75% 的業務成長都來自商品類別創新。對於中小企業而言，商品類別創新幾乎就是實現突破的唯一手段，例如優步、特斯拉、Airbnb 等都是靠著商品類別創新開創了局面。Google 前任資深主管，曾負責其 X 實驗室的埃斯托・泰勒（Astro Teller）曾說：「最讓人吃驚的一個事實是，打造一個好 10 倍的產品往往比把現有產品提升 10% 要容易得多。」因此，商品類別創新絕不是一個遙不可及的目標。中小企業不但要勇於嘗試，而且要讓商品類別創新成為自己獨特的組織能力，這樣才可以以小博大，並最終在市場上獲得領先地位。

# 第八講　如何打造產品的差異化？

# 第九講
# 如何設計優質的產品體驗？

　　產品要有顯著差異化，才能在市場競爭中獲得優勢。但是，就算具有顯著差異化，產品也未必在市場上能獲得成功。從「顯著差異化」到「市場成功」還需要關鍵的一步，就是好的產品體驗。如果產品的成功可以用一個公式來概括，那就是「顯著的產品差異化＋良好的產品體驗」。那麼，如何才能設計出良好的產品體驗？

第九講　如何設計優質的產品體驗？

## 良好的產品體驗很重要

每個人都用過成千上萬種產品，但是很多人的親身經驗說明，很多產品其實不好用。例如，公司的影印機總找不到想用的功能，家裡的電視遙控器也有很多不知其功能的按鍵，甚至逛個賣場也會因為路標不清楚而經常迷路或找不到廁所。就連公共場所的有些門，也讓人搞不清楚到底是該推還是該拉。

這種糟糕的產品體驗一定會讓使用者沮喪，有挫折感，甚至憤怒。最後的結果很可能是很少用或不再用這個產品。而且使用者很可能會向朋友抱怨，提醒他們遠離這些產品。

從產品設計的角度來講，使用者拒絕使用就象徵著產品的徹底失敗。可見，只是打造出來一個具有顯著差異化的產品還遠遠不夠，這個產品不但在功能上要明顯優於競品，而且一定要很「好用」。這就是產品體驗設計的核心原則——可用性（usability）。產品可以理解成一個裝滿功能的容器。這個容器必須要很容易打開，不然使用者根本無法取出這些功能來使用。因此，沒有可用性，產品的功能根本發揮不出來，就像茶壺裡的餃子倒不出來。

蘋果、亞馬遜、戴森、Google 等企業產品之所以在市場上獲得成功，除了它們功能強大之外，最重要的就是它們具備極高的可用性。可用性設計到什麼程度才算成功？很簡

單,就是使用者在使用產品的時候根本不需要動腦,整個過程完全是輕而易舉、毫不費力(effortless)的。

例如,哪怕第一次使用蘋果手機,只需要看到按鍵符號,就知道哪個是打電話,哪個是傳簡訊。一旦使用者在使用產品的時候需要思索如何使用,那麼這款產品就可視為失敗。產品必須要設計成「重度傻瓜型」,根本不用解釋,任何人都自然懂得怎麼用。就像白居易當年寫詩,一定要確保不識字的老人家都聽得懂才行。這是產品體驗設計最重要的原則。

## 可用性的五個原則

如何使產品具備「重度傻瓜型」的可用性呢?企業可以遵循五個基本原則。

第一,可視性(visibility)。

可視性就是在設計產品的時候盡可能用視覺化的元素來傳遞產品如何使用。也就是透過設計,讓產品具有清晰的自我表達能力,使用者一看就知道怎麼操作。例如,進入Google搜尋,就是一個明顯的輸入框,使用者不用思索就知道要把搜尋的內容填入輸入框裡,然後按輸入鍵即可。可是,當年比Google更早稱霸搜尋市場的雅虎,則是介面複雜混亂。使用者進入雅虎的頁面,要研究半天才知道怎麼用。這就是

## 第九講　如何設計優質的產品體驗？

使用方法的「可視性」很差。

對於比較複雜的產品，可視性設計要確保產品設計者頭腦中產品使用的概念模型（conceptual model）可以透過產品外形、產品包裝上的使用簡介和產品使用手冊清晰明瞭地傳達給使用者。也就是說，一定要確保產品在成型後，自己就能夠清晰大聲地告訴使用者：我應該被這樣使用。從這個意義上講，要把產品理解為一個自我發聲的交流溝通工具，而不只是一個裝載功能的容器。因此，在產品設計完成後，一定要問問自己：「我的產品會說話嗎？」如果答案是肯定的，那麼你的產品設計就具有較高的可視性。

可視性的另一面就是，產品的關鍵功能和重點內容一定要突出，例如重要功能的按鈕要足夠大。對於網路產品而言，最重要的資訊要在產品頁面上用最大的字型來表達，而且要刪除所有無關緊要的資訊。同時，頁面各要素之間還要保持一定的間隙，避免相互干擾。因為使用者瀏覽網頁不是專心「閱讀」而是快速「掃視」（scan）。只有主次分明，產品可視性的目標才能實現。

第二，直觀性（affordance）。

直觀性是說產品的設計要符合人體工學。直觀性和可視性的差別是，可視性強調的是把使用方法和產品功能用視覺化的元素表達出來。例如，在蘋果的 iPhone 中，一個倒扣的紅色電話筒就表示掛電話，一個綠色的向上的電話筒，就表

示接電話。這便是可視性。

直觀性強調的是產品本身的操作要符合使用者的直覺和習慣。例如，人的習慣是看到面前的橫桿，就會下意識地去推；而看到豎桿，一般就會去拉。在設計門的時候，如果想讓人推門，就把門把手設計成一個橫桿；如果想讓人拉門，就把門設計成一個豎桿。另外，水龍頭開關如果是圓形的，人很自然地就會想去轉動；如果是把手形狀的，人就會去扳動。

另一個例子是，人看到一個凸起物，直覺就是去按一下。如果想讓人點選網頁上的某個按鍵，就要把它設計成一個凸起的形狀。最經典的例子就是 iPhone 的滑動觸控式螢幕。它和人的自然行動習慣非常吻合，就是幼童也知道如何操作。由此可以看出，蘋果設計具有極強的直觀性，所以非常好用。

第三，方便性（convenience）。

方便性是指要讓使用者完成一項工作需要進行的操作步驟盡量最少，例如「只需一次點選即可完成」。蘋果和亞馬遜之所以容易使用，是因為它們的產品要求使用者所做的事情都非常精簡，如 iPhone 的單功能鍵操作和亞馬遜的「一鍵式購物」（one-click shopping），可謂「觸手可及」。但是很多產品都不是這樣。

例如，曾經風靡一時的黑莓機。雖然收發電子郵件是黑莓機的核心價值點之一，但是黑莓機的小鍵盤設計讓這項操作變得相當困難，使用者在輸入資訊時會頻繁出錯。

## 第九講　如何設計優質的產品體驗？

第四，約束性（constraint）。

為了幫助使用者避免操作失誤，最直接的方法就是透過設計，讓錯誤的操作無法發生，也就是說，為產品設計一種自我限制的功能。這就是產品的「約束性」。

例如，汽車的方向盤只能左右轉動，其他方式的操作都被限制住了，根本無法發生。而飛機的操縱桿只可以推拉，不能轉動，這也是一種被限制的操作。日常使用的電腦、手機或者照相機的設計也經常利用「約束性」的原則。例如，這些產品中的 SIM 卡，只有一種方向可以插入，方向錯了就插不進去，這樣就避免了錯誤操作的發生。

當然，除了這種物理上的限制，還有邏輯上的限制。某些操作其實不符合人們的日常邏輯。例如，每個人都知道，要想騎腳踏車，就要坐在車座上，而不是坐在車的橫樑或者車後面的載物架上。因此，如果使用者買了一套腳踏車的樂高玩具，在裝配的時候，使用者一定會把小人安置在車座上，而不會出現錯誤的操作。設計產品時也可以利用這種邏輯上的限制來避免使用者出錯。

第五，回饋性（feedback）。

回饋性就是指產品要給使用者提供充足的回饋，也就是說，產品在被使用者使用時不能保持「沉默」，而要具有能和使用者「對話」的能力，隨時讓使用者知道他們使用產品的方式是否正確，以及使用產品的效果。例如，LG 在 2007 年推

出的 Viewty 觸控式螢幕智慧型手機，如果使用者手指碰觸到數字顯示的正確位置會微震一下，從而提示使用者「按對地方了」。其他常見的產品回饋還有電腦和手機充電時顯示電池的能量度數，讓使用者即時了解電量，以及輸入密碼錯誤時系統給出的警告等。

戴森吸塵器的回饋機制就做得非常到位。戴森吸塵器採用透明的吸桶，使用者在使用時可以清楚地知道到底吸出了多少灰塵，非常有成就感。這樣就會進一步刺激使用者來使用。儘管提供回饋很重要，但缺少回饋是產品設計中一個普遍存在的問題。

再強調一下，確保「可用性」是產品體驗設計的第一要務（產品可用性五原則見圖 9-1）。可以說，體驗設計的最重要原則就是讓使用者「無腦」操作！

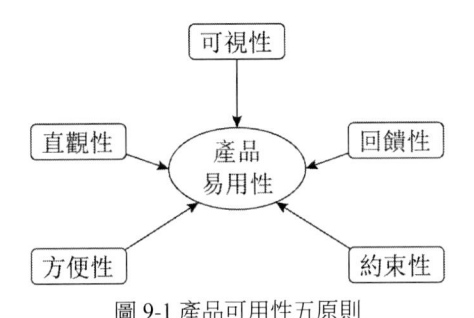

圖 9-1 產品可用性五原則

第九講　如何設計優質的產品體驗？

## 產品體驗差的關鍵原因

以上五個原則看起來很簡單，但是很多產品都做不到，甚至產業領袖也經常推出使用者體驗不佳的產品。為什麼呢？主要有個人和企業兩方面的原因：

從個人層面講，有兩個因素影響產品設計的品質：第一，能力偏差；第二，認知偏差。

從能力角度來看，產品設計是一個跨學科領域，具有相當的難度。好的產品體驗設計要求設計者掌握多元的能力。例如，軟體工程師除了要有程式設計能力，還需要對使用者行為學、心理學、設計學和美學等都有了解，才能設計出功能良好、體驗優異的應用軟體。而真正具有這種綜合能力的產品設計人員並不多。

認知角度的原因更為關鍵。每個人都有天生的認知偏差，對自己喜歡或不喜歡的產品有很強的感覺。同時，人會傾向於認為他們喜歡的產品別人也會喜歡。這兩種認知偏差往往是在潛意識層面不易被人覺察到的。因此，帶著這些自己都沒有意識到的偏差，設計者往往在設計自己心中喜歡的產品，但未必是使用者喜歡的產品。可見，設計者需要具備使用者視角，要能夠從使用者的角度看待一切。

從企業層面也有兩個因素影響產品設計的品質：第一，多重目標；第二，部門衝突。

一個產品往往要滿足多重目標，例如低成本、較高的製造可行性、採購便利、零售方便、價格合理、滿足企業的盈利目標等。這些目標往往相互矛盾。因此，產品設計最終是一個妥協的過程。職位最高的人最後拍板時都會先考慮是否滿足自身的目標，這就很可能犧牲使用者的最佳體驗。

當然，還有一個因素也不容忽視，那就是不同部門之間的衝突，最常見的衝突就是市場行銷人員和設計人員的對立。他們的專業背景不同、偏好不同，對理想產品的定義也有顯著不同。例如，技術人員認為的好產品就要包含很多「很酷」的技術元素，而市場人員喜歡更時尚、更符合近期大眾偏好的形象。可惜的是，很可能這兩個都不是使用者真正喜歡的。

## 確保產品設計品質的兩個條件

基於以上原因，企業要想做好產品體驗設計，必須做到以下兩點：

第一，樹立「以使用者為中心」的產品設計理念（human-centered design）。全球知名設計和創新公司 IDEO 大力推廣的「設計思維」（design thinking）的本質就是「以使用者為中心」。大部分使用者體驗不佳的產品，都是出自以「技術為導向」或「以自身為導向」的思維慣例。這種壞習慣必須打破。

### 第九講　如何設計優質的產品體驗？

第二，聘用和培養多元學科背景的人才，即所謂「T」型人才。這類人才的能力儲備比較豐富，既有深度，又有廣度。這樣的人才自然稀缺。T型人才善於用各種視角看待問題。對於產品設計這種需要顧及各方面的工作，複合型人才具有天生的優勢。

## 打造產品的歡愉性

當然，打造優質的產品體驗，只專注於產品的可用性還遠遠不夠，產品體驗設計還要更上一層樓。提升的方法要基於對產品完整結構的深入理解。

美國心理學及工業設計學專家唐納德・諾曼（Donald Norman），提出了產品的「三體」模型。他認為，所有的產品都是一個「三體」，包含「感官層次」（visceral）、「功能層次」（behavioral）和「內涵層次」（reflective）。產品的「感官層」滿足使用者的五個感官系統，即眼、耳、鼻、舌、身，它會直接並迅速引發使用者發自內心深處而不加思考的強烈的本能反應。產品的「功能層」是產品的主體和本質，為使用者提供解決問題的效能。產品的「內涵層」則陳述產品的內涵和意義。例如，智慧手錶既代表技術創新，也承載時尚奢侈品的含義。

前面討論的「可用性」就是產品的理性設計，而「感官層」和「內涵層」是產品的感性設計。一個良好的產品體驗必

須包含感性和理性體驗，也就是在產品的這三個層面都要有所作為。因此，除了產品體驗設計的第一原則「可用性」之外，我們還要考慮產品設計的第二原則，即「歡愉性」。

也就是說，產品足夠好用還遠遠不夠，還要讓使用者使用時感到歡愉，即產品不但要解決問題，還要打動使用者的內心。著名神經學家安東尼奧・達瑪西奧（Antonio Damasio）教授和行為心理學家丹尼爾・康納曼（Daniel Kahneman）教授的研究都指出情感驅動決策。產品只有觸發使用者情感才能推動使用者的購買行為。同時，觸動使用者情感的能力很難被複製，也就形成了競爭對手難以跨越的情感護城河。那麼，怎麼打造產品的「歡愉性」呢？

總體來說，就是要讓產品的形象、材質滿足使用者的「五感」，即視覺、觸覺、聽覺、嗅覺和味覺。其中最重要的就是視覺。產品的形狀、顏色就像一個人的容貌、著裝一樣，直接影響使用者的第一印象，所以產品必須做到美觀好看，讓人「賞心悅目」。蘋果、樂高、可口可樂、Uniqlo、迪士尼和星巴克等都是在這方面打動了使用者的內心，為使用者帶來歡愉的體驗。其次是聽覺。隨著產品日益數位化和虛擬化，聲音元素在產品體驗設計中越來越重要。BMW 有一個百餘人的團隊，專門研究汽車發出的各種聲音，並讓這些聲音悅耳動聽。英特爾和萬事達卡也非常注重各自品牌的音律。

## 第九講　如何設計優質的產品體驗？

對於有形產品，觸覺對打造產品的「歡愉性」也很重要。BMW深諳此道，例如採用高級材料製作汽車儀表板和座位等。蘋果對此更是關注。蘋果強調打造產品極致的「開箱體驗」，即打開外盒所需的力道不大不小，賈伯斯甚至親身參與這項設計中。產品氣味是旅店服務業、餐飲業、食品業和一些耐久財，如汽車，都非常用心設計的另一個感官元素。

隨著人工智慧、虛擬實境等技術的發展，到了後數位化時代，很多東西都將虛擬化。使用者觸摸產品的歡愉性似乎不再有相關性。事實上正相反。今後虛擬世界一定會越來越像真實世界。隨著技術的發展，使用者完全可以透過像電子皮膚等科幻式的穿戴式裝置，對虛擬產品產生真實的感受。因此，產品的「歡愉性」今後會更加重要。

第三個產品體驗的設計元素是「內涵性」。它涉及產品的商品類別定義和品牌建設，將在品牌策略部分討論。總之，打造良好的產品體驗，除了產品的「功能性」，還要打造出產品的「可用性」、「歡愉性」和「內涵性」。如果企業遵循這些原則來設計產品，那麼其產品就會同時滿足使用者的理性和感性需求，很有可能在市場上大獲成功。

# 第十講
# 如何有效影響客戶的決策？

根據客戶的需求做出了產品，下一步就是促使客戶購買產品。否則，客戶的需求無法滿足，企業的利潤更無法實現。可見，購買是連接需求和產品的橋梁，也是整個商業活動中最重要的一環。從這個意義上說，一個企業市場行銷策略的最終目標，就是去影響客戶的決策，促成客戶來購買自己的產品。因此，深入了解客戶如何做出購買決策對一個企業至關重要。

客戶是如何做出購買決策的呢？

# 第十講　如何有效影響客戶的決策？

## 客戶決策方法的主流觀點

關於客戶決策，主流理論的描述如下：當客戶遇到問題，需要決策的時候，他們會遵循一個五步驟過程，即確認需求、資訊搜尋、選項對比、完成購買和售後評估。這個過程對應的就是「決策漏斗模型」。

例如，假如客戶想買一臺冰箱，首先，他會關注各種冰箱的品牌，然後對各個品牌的優劣進行分析和對比。在這個過程中，客戶就會不斷排除不合意的品牌。最後剩下的品牌，一定是綜合得分最高的，也就是會被他選擇購買的品牌。決策剛開始的時候，客戶考慮的品牌數目很多，然後慢慢減少到一個。這個從多到少的過程，好像一個漏斗的形狀，所以叫決策漏斗。

這個客戶決策模型，聽起來好像合情合理，但其實有缺陷。主要是因為它做了兩個假設：

第一，客戶都是理性的，他們會首先收集關於產品和品牌的資訊，然後仔細對比，最後「擇優錄取」。

第二，客戶的決策過程是線性的，是朝著一個方向，按部就班地走下來。

先說第一個假設。什麼叫「理性使用者」？就是使用者會客觀地收集相關的品牌資訊，然後對各個品牌的好壞優劣做

一個合理的評估,並做出排序,最後冷靜地選擇得分最高的品牌來購買。

客戶真是這樣做決策嗎?在購買產品或選擇品牌的時候,到底有多少人會進行客觀冷靜的分析,並走完上述五個步驟之後,再做出一個理性的選擇?有人可能會說,在買美妝用品、零食、生活用品或看場電影時可能不會讓自己這麼麻煩,但要是買車、買房或者選購其他大宗商品時,一定會認認真真地走完上述決策過程。

尤其是當一個人代表公司購買產品或服務的時候,自然會對待選的產品做出細緻客觀的分析。在大多數情況下,還會收集很多資料,然後經過謹慎的思考和對比,再決定採購哪家公司的產品。這是常識,自然無須討論。

但真實情況和上述理論大相逕庭。

## 決策的第一系統和第二系統

著名的心理學家,2002 年諾貝爾經濟學獎得主丹尼爾·康納曼(Daniel Kahneman)教授,用了一生的時間來研究這個問題。他發現,人在做決策時其實非常不理性,大多數情況下使用者根本不會想太多,更不會花費心思去收集那麼多的資訊或數據來進行分析。

## 第十講　如何有效影響客戶的決策？

相反地，使用者往往憑直覺或情感快速做出決策。做出這些決策後，再去找一堆理性的理由說服他人，當然也包括說服自己，稱為「事後合理化解釋」（post rationalization）。這才是人決策的真相。這個理論就是由丹尼爾·卡尼曼而發揚光大的著名的「第一系統和第二系統」理論（system 1 vs. system 2）。

再具體一點來說，這個理論認為，人的大腦中有兩個並行的決策系統，即第一系統和第二系統，類似電腦中放置了兩個中央處理器。

第一系統依賴直覺、經驗和情感，快速做出決策，它的運作過程是自動和時刻進行的，甚至是一種無意識和潛意識層面的活動。

例如，一個人在逛商場的時候看到一家飲料店，看到圖片上有一款飲料，上面有厚厚的奶蓋，又聞到了空氣中飄浮的奶香，消費欲望馬上湧出，立刻就買了一杯飲料。這個消費者當然不會把商場內所有賣飲料的店都逛一遍，相互比較之後再決定喝什麼產品。這就是第一決策系統在發揮作用。

第二系統依賴推理、邏輯和資料，也需要高度的注意力，是一個慢速的決策系統。

例如，一個人打算申請一份房貸，市場上有幾個選擇，需要決定哪一家最合適。這時，他會啟動第二系統來解決這個問題。在做決策時他會仔細看，認真比對利率、風險等，

甚至會找朋友諮詢。第一系統和第二系統在頭腦中同時運作,但是推動決策的主要是第一系統,而第二系統大部分時間處於靜態,只有面對比較重要的決策時,才會啟動。

## 我們都是「認知吝嗇鬼」

為什麼第二系統這麼懶惰?原因很簡單。啟動第二系統會耗費更多的心智和能量。它要求人的注意力高度集中,讓人心跳加快、血壓升高、頭皮發緊。總之,就是很費力。人的天性是好逸惡勞的,根本不喜歡費力思考。

這個理論也跟另一個著名的心理學觀點不謀而合,那就是美國心理學家蘇珊・費斯克(Susan Fiske)和雪萊・泰勒(Shelley Taylor)提出的「認知吝嗇鬼」(cognitive miser)理論。就是說,人每天只有有限的能量,但為了能在紛繁複雜、充滿危險的環境中生存下去,必須隨時做出很多決策,如在密林中是走左邊還是右邊的小路,聽到異常的聲音是跟上去還是拔腿就跑等。為了有足夠的心智來應對每天的各種挑戰,人在處理問題時會用最簡單直接的方法以減少大腦的能量消耗。這樣才能讓自己生存的機率最大。

因此,人不喜歡動腦,不是因為天性懶惰、不求上進,而是生存的需求。這樣經過漫長的進化,「不愛思考」就變為

人的一種天性。也就是說，人天生不喜歡思考，在處理問題時往往透過第一系統快速做出決策。

人是如何透過第一系統快速做出決策的呢？就是利用「經驗法則」（heuristics）。

## 決策的經驗法則

什麼是經驗法則？簡而言之，就是人在做「偷懶式」決策的時候所採用的決策依據，即所謂的直覺。

例如，在面試一個人時，面試官一般會根據面試者的相貌、穿著、神情舉止等，對他的性格、能力做出判斷。這個判斷往往是在潛意識層面快速做出，恐怕連面試官自己都沒有意識到。如果面試者穿著很正式，面試官會直覺地認為他是一個很保守的人。用穿著來判斷性格就是一種經驗法則。

還有一種常用的經驗法則就是用價格來推導品質，即看到價格高的產品，人們會自然而然地認為它品質好。其實，大眾在日常生活中會無意識地使用各種經驗來快速判斷事物。這些由認知捷徑幫人們得出的結論在頭腦中就成了一種「直覺」，也就是毫無道理的一種感覺。

人類在進化的過程中形成了各種經驗，所以人類才能夠很輕鬆地使用第一系統進行決策。在所有的經驗法則裡，最

重要也是最常用的一種就是情緒直覺（affective heuristics）。也就是說，人會依據自己對一個決策情境的感受和情感，啟動第一系統快速做出好壞的判斷。

在日常生活和工作中，無論是買口紅，還是買房、買車，在絕大多數情況下，人們都是依賴第一系統進行決策。就是在一些所謂重大的決策情況，例如在 B 端市場購買大型設備，驅動決策人最後拍板的仍然是第一系統。也就是說，情感和直覺是人決策的最終推動力。

## 決策的情感標籤

透過多年研究，美國著名神經科學家安東尼奧‧達瑪西奧為第一系統的主導地位提供了一個理論解釋。他發現，人在做決策時，會用情感為各個選項貼上「好」、「壞」或「中性」的標籤（somatic maker），並根據這種情感標籤做出選擇。這種情感標籤來自過去經驗留下的情感記憶或是一種情感預判。如果一個人的大腦中管理情感的區域受損，那麼他仍然可以對複雜的決策問題做出細緻的分析和判斷，但是他喪失了決策的能力。如果人無法對選項做出情感判斷，那麼他就無法分清選項的好壞，也就會陷入對各種選項無窮無盡的比較而無法做出決策的境地。

## 第十講　如何有效影響客戶的決策？

也就是說，促使人類做決策和其他一切行為的是情感和情緒。用安東尼奧·達瑪西奧教授的話說，就是「人不是可以感受的思考機器，而是可以思考的感受機器」(we are not thinking machines that feel, we are feeling machines that think)，即人是感性和情緒化的，而非理性的。

總結以上，這些理論互相驗證，其共同的核心觀點是：因為人是「認知吝嗇鬼」，所以人在處理問題時總想「多、快、好、省」。因此，人們慣用經驗法則來啟動第一系統進行快速決策。情感就是一種最強大的認知捷徑 (affective heuristic)。一個人對一件事情的感覺或直覺就足以引導他對這件事的好壞做出判斷，從而進行決策。其實，一個人就算動用第二系統進行理性決策，最後也要在各選項貼上「情感」標籤後才能做出選擇。從這個意義上來說，所有的決策都是情感決策。也就是說，人根本就不是理性的，對生活中的絕大多數決策都會「跟著感覺走」。因此，要影響客戶的決策，就必須影響他們的情感和感受。依據感性的第一系統進行決策會不會讓人犯更多的錯誤？答案是，並不會。在高度複雜的決策情境，依賴直覺的第一系統往往比依賴理性的第二系統做出更好的決斷。

## 第二決策系統的作用

當然，也不是說第二系統就永遠沒有「當老闆」的時候。如果選項之間的差別太大，也就是一個產品明顯比其他產品更好（如當年的 Google 相比於早四年就推出的雅虎），在這種情況下，客戶的第一系統就會被打壓，而乖乖讓第二系統進行「擇優錄取」的選擇。這種情況在 B 端市場比較容易出現，以至於很多人誤以為 B 端市場更理性。其實就算在 B 端市場，如果選項太複雜，或者資訊不足，或者資訊太多，就算使用第二系統，決策人也很可能無法清晰地判斷出各選項的優劣而產生一個毫無爭議的贏家。這時，決策人就會動用依賴直覺和情感的第一系統進行決策。哪怕購買一個千萬美元級別的大型設備也是如此。

雖然決策時快速的第一系統好像一個獨斷專行的霸道總裁，但是慢速的第二系統也有一個獨有的重要職能，那就是修改偏好。也就是說，人如果改變對一個事物的固有認知和偏好，往往不會依賴「任性輕率」的第一系統，而要讓「慎重嚴謹」的第二系統「出面」才行。

第十講 如何有效影響客戶的決策？

## 影響客戶決策的方法

我們已經了解了客戶如何做決策。企業又是如何有效影響客戶的決策的？

這取決於企業是想對客戶的決策施加長期還是短期的影響。要想長期影響客戶的決策，就必須改變客戶的內在偏好，就要著重在客戶的第二系統。「耗電」的第二系統平時處在休眠狀態，要啟動它並不容易。唯一的方法就是讓產品和競品形成「超乎預期」的顯著差異化。這樣就會繞過「懶惰」的第一系統，直接對第二系統產生強烈刺激。被驚醒的第二系統就會兢兢業業地好好分析這款產品，然後按照審查結果來修改自己固有的成見，進而形成新的偏好。

如果企業是一個「跟隨者」（比如中小企業或新創企業），就要採用這種直擊第二系統的方法。這是因為第一系統做出的決策更偏向於那些領先的知名品牌。這些企業若不從第二系統入手，則在第一系統主導的客戶世界裡基本沒有突破的機會。

當然，攻占客戶的第二系統需要打硬仗，靠的就是自身扎扎實實的功力，所謂「打鐵還需自身硬」，半點虛的也來不得。雖然勝利不易，但是一旦成功，就會改變客戶偏好，獲得客戶長期的認可和購買，從根本上解決問題。如果是想對客戶的決策有快速的短期影響，那就要盡量啟動客戶的「第一系統」進行決策。

## 影響第一系統的三種方法

在大多數情況下，為了驅動客戶的決策，企業需要直接影響客戶的第一系統。一般而言，影響第一系統主要有三種方法。

第一，要有意為客戶提供各種「決策捷徑」，為時刻都在開機狀態的第一系統加點油。常用的決策直覺有三種：「社會認同直覺」（social proof），即選擇的人越多，東西越好；「情感直覺」（affective heuristic），即讓自己感受好的就是好的；「顯著性直覺」（salience），即最容易看到、想到的就是好的。例如，亞馬遜對產品的推薦就是一種典型的「社會認同直覺」，透過引導客戶不假思索地去選擇「其他人都選擇」的產品。

第二，精心設計背景或情境元素，盡量影響服務於第一系統的工作人員──五感。

五感就是眼、耳、鼻、舌、身，對應視覺、聽覺、嗅覺、味覺和觸覺。五感是第一系統從外界獲取資訊的工具。因此，所有影響五感的外界訊號都可能影響第一系統的決策。要想讓五感對你的產品有好印象，首先要讓產品價值視覺化。例如，樂高就採用 AR 技術讓家長和孩子在購買玩具前就可以看到它組好後的樣子，立刻就讓他們心動。再者，產品的外觀要好看，包括顏色、形狀和包裝等，同時要聲音悅耳、觸感舒適和品牌設計獨特鮮明等，即所謂的「五感行

## 第十講　如何有效影響客戶的決策？

銷」。例如，挪威高級瓶裝水「芙絲」（Voss）就是透過優質的五感設計在現在超高同質化的市場中脫穎而出。

在情境設計上要充分遵循顯著性原則（salience），把想讓客戶注意到的訊號和產品擺放在客戶容易看得到、拿得到的位置。聯合利華的管理人員發現，他們的義大利臘腸（Pepperoni）的銷量和所放置的超市位置關係顯著：放在「加工肉品」區，銷量就低；放在零食區，銷量就高。這些透過情境設計來潛移默化地影響客戶五感，從而影響客戶決策的方法就是常說的「助推」或「勸誘」（nudge）。

第三，極度關注客戶的感受和情感需求。

「情感捷徑」是最有力的決策捷徑，所以要善於激發情緒。研究顯示，客戶在決策過程中會主動尋找各選項的「情感標籤」。整個決策過程也就是為各選項貼上情感標籤的過程。這個過程首先不是理性的，更不是線性的。客戶可以在決策路程中前後移動，甚至多次移動，還可能完全從決策路程中跳脫出來。

因此，想影響客戶的決策是一件複雜的事情，尤其是在數位化時代的今天，客戶都會在多個數位化平臺自由遊走，並和無數其他人發生各種接觸。這些都會直接影響到客戶對「情感標籤」的找尋和確認。客戶為了決策所需要的情感標籤主要是能夠激發他們信任、欣賞和喜愛感受的媒介或標記。

企業要全力強化品牌建設，因為品牌就是決策的一種「情感直覺」。再者，企業還要設計並管理好客戶的消費整體感受，不但要讓自己盡量參與客戶的整個消費流程，而且在關鍵節點，必須讓客戶體驗到精彩時刻。這時，客戶被觸發的情感就會啟動第一系統，驅動他們做出平時未必做出的決策。然後客戶會用第二系統打造一個合情合理、邏輯嚴密的理由來說服自己和他人。

　　總之，影響客戶決策就是要影響客戶用於決策的第一系統和第二系統。明白了這兩個系統如何使人做出決策，影響客戶行為，甚至引導客戶需求，影響客戶決策就會得心應手。關鍵的原則是：如果企業是引領者，就要讓客戶毫不費力地用第一系統輕輕鬆鬆做決策。如果企業是追隨者，那就要啟動客戶的第二系統，促使他們好好用心思考，認真比較，從而改變他們固有的偏好。這就是影響客戶決策的核心祕密。

第十講　如何有效影響客戶的決策？

# 第十一講
# 如何管理整體的客戶體驗？

　　企業打造出一款優質的產品很重要。但是，現在各行各業的發展都趨於成熟，產品的同質化很嚴重。在這種情況下，要想在激烈的競爭中脫穎而出，企業只給客戶提供效能良好的產品仍然不夠，還要帶來優質的客戶體驗。

# 第十一講　如何管理整體的客戶體驗？

## 客戶體驗的重要性

有研究發現，在產品效能和品質相近的情況下，良好的客戶體驗可以讓一個產品的銷售額增加一倍以上。而且，這個產品獲得客戶口碑宣傳和重複購買的機率也會增大五倍之多。美國西南航空公司就是靠優質的客戶體驗，在早已成為紅海的民航業中脫穎而出，更成為九一一事件後唯一能持續盈利的航空企業。很多知名品牌，例如宜家、蘋果和 lululemon 等，都是在優質產品的基礎上，聚焦客戶體驗而獲得了成功。

優質的客戶體驗，不但可以直接促進銷售，而且能幫助企業打造出穩固的競爭門檻。因為產品效能有比較客觀的技術指標，容易被競爭對手抄襲。但是客戶體驗是一種主觀感受，很難被其他企業完全複製。而且，客戶體驗的設計和交付需要一個企業具有較強的「軟實力」，比如感知能力、共情能力和對話溝通能力等。這些能力既不容易建立，也不容易被模仿。

可見，向客戶提供良好的體驗對一個企業的成功是多麼重要。尤其在數位化時代的今天，商業社會已經逐步離開「產品時代」而進入「體驗時代」。在這個時代，所有的企業本質上都是體驗型企業。因此，優質的客戶體驗日益成為企業賴以生存和發展的核心。

## 客戶體驗的定義

既然客戶體驗這麼重要,那麼企業如何打造良好的客戶體驗?

首先,要理解什麼是客戶體驗。所謂體驗,就是客戶在消費過程中的一種主觀感受。客戶體驗包括兩部分:產品體驗和旅程體驗。產品體驗很好理解,就是客戶使用產品的總體感受。例如,對於飲料店而言,產品體驗就是客戶享受一杯飲料的感受,如味覺、嗅覺、觸覺、視覺和聽覺的綜合體驗。

旅程體驗的範圍比產品體驗更為廣泛,是客戶對整個消費旅程的總體感受,也就是從想喝飲料開始,直到喝完而把杯子扔掉這個消費全過程的感受,而產品體驗只是其中的一個節點。在這個過程中,客戶會有一系列與實現消費有關的行為,如網路上尋找相關資訊,看看其他使用者的評論,找找和自己最近的飲料店,在網路上看飲品菜單,前往飲料店,店外排隊取貨,開始喝飲料,喝完丟掉杯子等等。其實,在數位化時代,完整的客戶旅程並不隨著消費的結束而終止,而是一個沒有終點的持續的過程。

當然,在這個消費過程中,有一些影響客戶消費體驗的因素並不在飲料店的控制中,如在擁擠的電梯中被人擠了一下,而被打翻了飲料等。但這些是不常發生的事件,而且除非是很嚴重的事件,一般客戶不會把這些負面印象和飲料店

聯結在一起。客戶體驗管理就是要確保客戶在消費一個產品的過程中有良好的綜合體驗。

## 打造客戶體驗的三原則

要打造出良好的客戶體驗，企業一般可以遵循以下三個原則。

第一，理念要正確。

就是企業要遵循「以客戶為中心」、「以人為本」的原則，把客戶當成「衣食父母」來對待。也就是對客戶有發自內心的尊重，對解決客戶的問題充滿熱情，並用感恩和敬畏的心來服務客戶。這樣才有可能把客戶體驗做好。

第二，創造真價值。

客戶體驗是否優質，關鍵在於它能否為客戶帶來真正的價值。前面說過，客戶體驗包括產品體驗和旅程體驗。設計和交付產品體驗的關鍵就是要讓客戶便捷快速地、輕輕鬆鬆地以最低成本和最高效率來解決自己的問題。而打造旅程體驗，不但要徹底消除客戶的痛點，而且要在旅程中提供超乎預期的附加價值。

例如，宜家意識到消費者面臨的一個常見的痛點，就是家具買回去後並不適合實際居家環境，或是顏色和式樣不

搭，或是尺寸有錯誤。為了幫助客戶解決這個問題，宜家推出了一個 AR 的手機應用程式 IKEA Place，可以讓客戶在購買家具之前把家具虛擬地放入居室環境中進行「試用」，從而顯著降低了這個消費痛點。

與此相反，有相當數量的企業提供的客戶體驗並沒有為客戶帶來真正的價值。例如，很多店鋪裡的服務人員在消費者入店後殷勤地了解需求；餐廳的服務生頻繁詢問用餐者的用餐感受，看似在提升客戶體驗，其實是打擾了客戶，讓人不勝其煩，這樣就為客戶體驗提供了「負面價值」。

因此，設計客戶體驗的關鍵，是要從客戶視角出發，在消費旅程的關鍵節點，提供真正能夠幫助他們解決問題的價值和服務。

第三，細緻關注客戶情感。

客戶體驗是客戶在消費旅程中與企業接觸時的主觀感受。這種主觀感受，和客戶當時的情感需求和情緒狀態有直接關係。因此，企業除了要確保產品的品質，還要細緻地關注客戶在整個消費旅程中的情緒狀態，並且能夠充分地滿足他們的情感需求。最好是能在各個關鍵接觸點和客戶產生情感共鳴，讓他們經歷超乎想像的精彩時刻。

例如，當客戶參訪一家企業的時候，最擔心的就是遭到主人的冷落，達不到此行的目的。企業可以完善接待客戶的

各個流程,盡量讓訪客有一種貴賓的感受。例如,當訪客參觀完展廳,剛在會議室坐下,在展廳的合照就已經印成了相片發給他們,這會讓客戶非常驚嘆。這些超乎預期的小動作會打動客戶的心,為他們帶來一段非常難忘的經歷。

## 客戶體驗設計的三種錯誤

如果企業遵循以上體驗管理的三個基本原則,就可以進行客戶體驗設計和交付。但是在這個過程中,企業也容易犯以下三種錯誤。

第一,計畫過於理想,無法落實。

企業在進行使用者體驗管理的時候,一般採取自上而下的方式。也就是說,高層管理者會找幾家管理顧問公司,由顧問公司提出方案。這些顧問公司擅長設計所謂的「最佳使用者旅程」。這種方案往往面面俱到,過於複雜,而且成本很高,根本無法推行。

第二,組織機構不變,「舊瓶裝新酒」。

設計和交付良好的客戶體驗是一個系統工程,需要一種特定的企業組織能力。比如以客戶為中心的企業文化和營運模式,對客戶需求進行準確細緻的洞察,組織各部門之間的高度合作和快速決策能力等等。

工業化時代的企業，大多以自我為中心，以產品為導向。這樣的企業難以交付良好的客戶體驗。企業要想在客戶體驗上與眾不同，就需要在企業文化、組織架構、人力資源、營運流程和資訊科技設施等方面進行變革和提升，建構出一個真正以客戶為中心的服務體系。

比如，傳統企業最大的問題就是部門之間隔閡很深，缺乏有效的合作。而客戶體驗的設計、交付和管理需要各部門的無縫銜接。客戶體驗做得比較好的企業都會在組織架構上做出調整來解決這個問題。

例如，英國知名的廉價航空公司 easyJet 已經把市場總監和品牌總監合而為一，變成了客戶總監。這個新職務負責協調和使用者相關的各個部門的工作。蘇格蘭皇家銀行也是這樣。為了做好客戶體驗管理，蘇格蘭皇家銀行建立了一個 12 個人的跨部門團隊，由一個六標準差黑帶的營運專家來領導。這個團隊的主要工作就是跨部門溝通，確保整個企業的營運都圍繞著客戶體驗來展開。

第三，憑主觀判斷，沒有數據資料支持。

很多企業把客戶體驗管理當成一個創意性的工作，僅靠腦力激盪和客戶訪談來獲得決策的依據。這樣做，最大的問題就是無法客觀評估投入資源的真正效果。缺乏對影響客戶體驗關鍵要素的了解，自然無法對客戶體驗進行有效的改良。因此，客戶體驗管理要能夠建立可量化的模型，用資料

## 第十一講 如何管理整體的客戶體驗？

的方式來管理客戶體驗。

企業應該怎麼做才能成功呢？下面就用蘇格蘭皇家銀行的案例來回答這個問題。

## 蘇格蘭皇家銀行的實踐

蘇格蘭皇家銀行是歐洲最大的銀行之一，年收入為290億美元，員工人數超過10萬人，服務歐洲、北美洲和亞洲市場的1,300萬使用者。2008年金融危機使蘇格蘭皇家銀行遭受重創，在英國政府的緊急救助下才生存下來。

2010年開始，蘇格蘭皇家銀行決定針對客戶體驗進行最佳化管理。當時，銀行內部的各個部門對客戶體驗的理解和具體管理方法都不統一，根本沒有明確的服務品質標準和最佳實踐。另外，市場部門和營運部門各自為政，沒有在交付客戶體驗時協調一致。結果是，客戶滿意度和推薦度都很低。後來，這家銀行透過探索和嘗試，總結出了一套確實可行的客戶體驗管理方法，終於扭轉了局面，取得了令人滿意的市場表現。這套方法大致分為四步：

第一，定義並拆解客戶旅程。

蘇格蘭皇家銀行沒有一開始就打造所謂的客戶最佳旅程，而是從一個具體產品入手，勾畫出客戶消費這種產品要

經歷的旅程,並確認了銀行在這個旅程中需要提供的所有服務。比如,房貸產品的客戶旅程主要包括 4 項「大服務」,就是購買、管理、付款和結帳。在這 4 項「大服務」下又包含 10 項「中服務」,這些「中服務」還可以分解成 64 項「小服務」。透過對客戶旅程的梳理和拆解,蘇格蘭皇家銀行讓模糊的客戶體驗變成了幾十個可視性很強的「關鍵接觸點」。

第二,收集相關資料。

接下來,蘇格蘭皇家銀行對每個服務節點的成本和品質進行量化,不但收集服務品質的自我評價資料,還收集使用者的評價資料,同時還了解使用者心目中的服務「關鍵時刻」。然後蘇格蘭皇家銀行把服務品質的自我評價與客戶評價兩方資料進行比較,同時將使用者評價資料與使用者體驗最佳化目標進行比對。這樣就看清楚了自身的服務缺陷和需要改進的具體項目。

第三,建模分析資料。

基於這些資料,蘇格蘭皇家銀行建立了模型,透過回歸分析等方法,發現了各項關鍵行為和客戶體驗品質的因果關係。根據這些分析結果,銀行設計了客戶體驗改善方案。在盡量降低成本的情況下,提升客戶體驗中的「關鍵時刻」和整體旅程的品質。在這個改良過程中,蘇格蘭皇家銀行對某些產品和服務流程進行了大刀闊斧的改革,甚至是推倒重來。

第四，對比預期目標，進行評估。

改良後的服務項目推出後，蘇格蘭皇家銀行把客戶體驗品質和客戶體驗目標再次做比較，然後根據新一輪的資料分析結果，不斷更新改進，最終讓客戶體驗品質達到了預期的目標。客戶體驗得到大幅度提升以後，銀行的業績也出現了顯著的改善。

## 客戶體驗管理的三個要點

蘇格蘭皇家銀行進行的客戶體驗管理無疑是成功的，其成功經驗帶來以下三個重要的啟示。

第一，要設立一個跨部門的專職機構進行管理。

蘇格蘭皇家銀行為了推動客戶體驗管理，專門成立了客戶體驗相關部門。剛開始這個部門只有 12 人，後來客戶體驗逐漸成為整個組織的營運核心，部門的人數也不斷增加。這個部門有兩個主要職責：一是「分析研究」，如定義客戶體驗、收集資料、建模分析等；二是「部門協作」，就是溝通各個部門，保證步調一致。

第二，把客戶旅程按照產品進行模組化處理。

客戶旅程較為複雜，要從哪裡著手改善客戶體驗，是管理人員需要回答的第一個問題，往往也是最難回答的問題。

管理顧問公司設計的「最佳客戶旅程」往往只是一種理想化的方案,很難落實。蘇格蘭皇家銀行的做法是從單個產品出發,先聚焦成本最高的個人活期帳戶,把客戶消費這個產品的整體旅程勾畫出來,並整理出與該顧客旅程相連的所有服務內容。也就是說,要以產品為基礎,先把看似「無縫」的客戶體驗分解為一系列清晰的模組。這樣就可以選擇出最佳入口,從小到大,從易到難,逐步進行改良。

第三,收集並分析客觀資料來引導決策。

蘇格蘭皇家銀行從事的第一項工作就是收集客戶旅程的三類資料:第一,在每個節點交付服務的成本;第二,服務的交付品質;第三,使用者對服務的感受。

透過建模分析,企業就能夠找到最能影響客戶感受的核心服務或「關鍵時刻」,然後找到這些關鍵服務的構成要素。例如,蘇格蘭皇家銀行發現,個人活期帳戶的「關鍵時刻」是「見面開戶」和「歡迎手冊」,而影響「見面開戶」體驗的要素有十個,如友善程度、專業性、解決問題的能力、服務速度等。這樣,企業就可以找出影響關鍵服務品質的核心要素。比如,影響「見面開戶」品質的關鍵要素就是專業性和服務速度。

透過這種定量分析,企業就會非常清楚哪些服務要素可以直接影響客戶體驗。同時,資料模型也可以分析出客戶體驗的提升對成本和收入的影響。這樣就可以知道哪些服務要素能

## 第十一講　如何管理整體的客戶體驗？

為客戶帶來最佳體驗，同時還可以降低成本、提升收入。知道了這些，企業就可以合理地分配有限的資源，把好鋼用在刀刃上，而不是盲目追求顧問專家宣揚的那些極致感受。

透過蘇格蘭皇家銀行的成功案例可以看出，客戶體驗管理一定要專職化，即設立專門的機構來管理，盡量碎片化和量化。雖然客戶體驗關乎客戶感受的管理，但是這項工作並非如大家所認為的那樣需要太多的創造力和想像力，這項工作更需要扎實的資料收集和建模分析能力。因此，客戶體驗管理團隊需要懂資料的人才。而且，客戶體驗管理的起點並不是腦力激盪，而是利用資料數據對現有的客戶體驗的交付品質、成本和客戶感受進行診斷和評估。這個能力必須內生自建。它將成為企業管理和改良客戶體驗的核心組織能力。

在「體驗時代」，進行客戶體驗管理和改良越來越成為企業的核心能力。隨著客戶體驗的數位化，客戶體驗管理將逼著企業數位化轉型，成為驅使企業邁入數位化時代的關鍵力量。

# 第十二講
# 如何打造品牌？

　　品牌是一個企業的核心策略資產，對企業的生存發展極其重要。

　　好的品牌可以為企業帶來更多的銷量，更高的產品溢價，更強大的商業夥伴關係，更廣泛的政府和社會支持，當然也可以吸引並留住更優秀的人才。因此，品牌是驅動市值的重要因素。資料顯示，蘋果、Nike 和星巴克的品牌估值占企業總市值的 40% 之多。

　　既然品牌這麼有價值，那麼如何打造出一個強大的品牌呢？

# 第十二講　如何打造品牌？

## 品牌的定義

首先，先要了解品牌到底是什麼。

很多人認為，品牌是定位、超級符號、廣告、代言和媒體推廣等。其實這些都不是品牌，而是企業打造品牌的一些手段。如果對品牌的理解還停留在這個層面，就仍然是以自身為中心，從企業的角度來看待品牌，而沒有以客戶為中心，從客戶的角度來看待品牌。「以客戶為中心」就是從客戶的角度看待一切。品牌也是一樣，也要從客戶的角度來看待。

為什麼要這麼做？因為品牌雖然是企業創造出來的一個東西，但它其實存在於客戶的頭腦中。所謂打造品牌，通俗而言就是把品牌印象植入客戶的腦中或認知裡。只有從客戶的角度理解品牌，才能抓住其本質，也才能夠更好地打造出一個品牌。

從這個思考方式出發，英國著名品牌顧問公司 Interbrand，就認為品牌是客戶頭腦中對企業和產品的一個綜合印象。這個印象包含兩部分：一是品牌的形體特徵，如名稱、符號和顏色等；二是品牌的含義，也就是品牌代表著什麼。例如，蘋果的品牌印象就是由兩部分組成：一是蘋果名稱、辨識度很高的缺口蘋果符號、賈伯斯的形象、店面和產品的風格或調性等；二是蘋果所代表的敢為人先、特立獨行、顛覆創新和引領人類向前等精神。

## 品牌情感的四個層次

以上對品牌的理解聽起來合情合理，但並不完全準確。其實品牌的本質不是客戶頭腦中的認知，而是存留在他們心中的一種感受或情感。可以說，品牌是客戶心中的一種「情感記憶」，反映的是與客戶的情感關聯（emotional connection）。因此，品牌不是印象，而是情感。更準確地說，普通的品牌可能只是印象，而真正好的品牌一定是情感。

這種情感一般有四個層次，就是信任、讚賞、喜愛和敬仰。信任應該是品牌發展的第一階段，隨著客戶情感的不斷升級，品牌逐漸變得強大，對市場的影響力也越來越強。可以說，強大的品牌就是具有深厚客戶情感的品牌。再回到蘋果的例子，其實客戶一看到或想到蘋果，第一時間產生的不是在頭腦中想起的蘋果形象和內涵，而是由蘋果觸發而湧上心頭的一種感受和情緒。這種感受和情緒就是推動客戶決策的主要力量。對於很多客戶而言，蘋果觸發的情感是「讚賞」或「喜愛」，對於一些重度客戶，甚至還觸發「敬仰」。這種情感的彙集才是蘋果品牌的本質。

明白了品牌是客戶情感，也就明白了打造品牌就是打造客戶情感。品牌建設的最終目標就是讓客戶「愛上你」！蘋果、哈雷機車和 lululemon 等全球知名品牌就成功地讓廣大

第十二講　如何打造品牌？

客戶愛上了它們。其中不少「發燒」友竟然把這些品牌的 logo 作為刺青刻在自己的身體上。這種品牌情感是多麼深厚。

## 品牌建設的三重驅動力

一個企業怎樣打造出正向而又強烈的客戶情感？

毫無疑問，自然不能只靠定位、超級符號、廣告和媒體傳播。如果這樣就能讓客戶愛上一個品牌，那麼打造品牌該是多麼容易。事實上，在品牌的汪洋大海中，能讓客戶對一個品牌情有獨鍾實在是太難了。在這個競爭如此激烈的時代，打造品牌，或者獲取客戶真心的喜愛只有靠實力。

具體來說，企業打造品牌需要從三個方面入手：價值、文化和關係。圖 12-1 展現了品牌建設的三重驅動力。

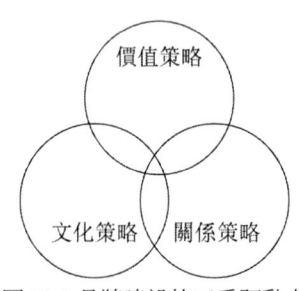

圖 12-1 品牌建設的三重驅動力

## 價值是品牌建設的基礎

品牌關乎價值。歸根究柢，建立客戶情感只有一個方法，就是持續穩定地向客戶提供優質的價值。只有為客戶提供真正的價值，而且是顯著差異化的價值，才能贏得客戶的信任、讚賞和喜愛。

其實，打造品牌的過程和建立人與人之間的情感非常像。人和人之間建立信任，靠的就是在較長一段時間內不斷接觸帶給雙方的感受。只會耍嘴皮子的人可能暫時迷住對方，但無法長時間持續。建立穩固持久的情感連結需要靠行動，靠真本事。打造品牌也是一樣。亞馬遜的創始人貝佐斯（Jeffrey Bezos）曾說：「品牌不是你在說什麼，而是你在做什麼。」貝佐斯很懂品牌建設之道，亞馬遜能夠成為全球領先品牌毫不令人奇怪。

這樣看來，打造品牌的第一要素就是「價值」。沒有真本事，說得再天花亂墜也沒用，遲早被人識破。在工業化時代，價值的內涵十分豐富，除了產品和服務品質，還有客戶整體旅程體驗的品質，尤其是客戶數位化體驗的品質要好，最好「超乎預期」，才能對客戶感到震撼，從而讓客戶心甘情願地敞開心扉。

美國線上鞋店 Zappos 就是一個以卓越服務經常「超乎預期」而震撼到客戶的企業。

## 第十二講　如何打造品牌？

例如，Zappos 的退貨期長達一年，而且經常讓非 VIP 的客戶免運費退貨，免退貨就可以收到替換品等等。更讓人震驚的是，Zappos 客服電話的時長不設上限，最長的通話紀錄是 10 小時。這種顯著的差異化，讓 Zappos 迅速在競爭激烈的市場中脫穎而出，最終獲得亞馬遜的青睞，亞馬遜斥巨資將其收購。

只有高品質是不夠的。因為各行各業的產品和服務同質化嚴重，甚至數位化體驗也變得難分高下。一個品牌憑什麼打動客戶的心呢？回答這個問題之前，可以設想一下：一個人如何去真正打動另一人的心？

## 文化策略樹立品牌之魂

觸動客戶的心靈，品牌不但需要向客戶提供優質的價值，還要有內涵、有情懷、有個性。也就是說，打動心靈，不但要有實力，而且要有更深遠的東西。這個東西就叫「文化」。文化的核心就是「信仰」。因此，品牌也需要有信仰，這是品牌的靈魂。有靈魂的東西才能觸動另一個靈魂。其實真正強大的品牌都是建立在鮮明的信仰之上，都有觸動人心的靈魂。

例如蘋果，除了實力之外，還有它的品牌信仰，這一點尤為關鍵。蘋果從創立開始，在賈伯斯的引領下就篤信「不同凡想」（think different），用人文科技去顛覆、引領人類向

前。這種開拓者、創新者的精神,才是蘋果超「酷」的真正原因。這種信仰帶領著蘋果不斷推出令人驚豔的顛覆性產品,深深地觸動廣大客戶的心靈。

Zappos 的信仰就是「傳遞快樂」(delivering happiness),它在任何情況下都確保客戶可以真實強烈地感知到這一點。lululemon 的信仰是「瑜伽精神」,並把這種精神注入生活的每一時刻,幫助客戶完成身與心的躍升。

實力可以讓人信任,但想讓人讚賞、喜愛和敬仰就需要具有信仰、精神和情懷,並在信仰的引領下為客戶創造卓越的價值。人和人之間是這樣,客戶和品牌之間也是這樣。品牌源於商業,但必須超越商業,需要蘊含思想和精神的東西。可以說,最好的品牌就是一個精神圖騰。

很顯然,品牌建設需要雙重動力,一是「價值」,二是「信仰」。進入數位化時代後,價值創造必須依賴高科技。如果一個品牌既有技術,又有信仰,那它就可以稱得上是「內外兼修」,它就一定會成為頂尖品牌。只有這樣的品牌才能最大限度地滿足客戶多層次的需求,和客戶產生深層的共鳴,從而獲得客戶的讚賞、喜愛,甚至崇拜。

而現在很多品牌走的是「定位取向」、「廣告取向」或「網紅取向」路線,沒有什麼內涵,就是靠「造勢」和吆喝。這些品牌可能在短期內把業績做得光鮮亮麗,卻缺乏長久發展的能力,遲早會被時代淘汰。

第十二講　如何打造品牌？

## 客戶關係是品牌情感的放大器

隨著時代的發展、科技的進步和競爭的日益激烈，缺乏價值和文化，品牌根本無法起飛。在數位化時代，僅有這兩項特質還不夠，還需要一個另一股力量，才能真正打開局面。這個力量就是「客戶關係」。

進入數位化時代，客戶和品牌的關係發生了深刻變化。在工業化時代，客戶和品牌的接觸點很少，距離遙遠，缺乏互動。品牌要想觸及客戶，大多依賴媒體的宣傳和掌控管道。因此，工業化時代是廣告為王和管道為王的時代。品牌幾乎等同於廣告或管道。

而現在的情況完全不同，在智慧型手機和其他移動設備的加持下，品牌不僅可以深度融入客戶生活的各個情境，幾乎無處不在，無時不在，而且能和客戶緊密接觸，頻繁互動。同時，客戶對品牌的期待也更多，不僅需要品牌幫助他們完成具體的工作，還要提供娛樂和社交功能，甚至要和他們對話互動，成為陪伴他們的「夥伴」。

因此，一個強大的品牌不能只是用科技和信仰，扮演一個高傲冷漠的角色讓客戶仰望，還要融入客戶的生活，潤物細無聲地關注、關心和陪伴他們。這種和客戶形成親密關係的能力，越來越成為品牌顯著差異化的主要戰場。

# 智慧型品牌要建構全景體驗

要想成為客戶喜愛並依賴的夥伴，只在社群媒體上用討人喜歡的口吻和客戶多互動是遠遠不夠的。夥伴型品牌要真正融入客戶的生活，必須快速精準地洞察客戶不斷湧現的需求，尤其是情感需求，並即時做出最佳的反應。可以說，這樣的品牌要比客戶更了解他們自己的需求，並隨時提供個人化服務，甚至要在客戶都不清楚自己的真需求時，就已經能夠貼心地推薦最能夠成就他們的解決方案。

要想做到這些，品牌需要有人工智慧、大數據、雲端運算和彈性製造等高科技的加持，成為一個「智慧型」品牌。到了這個程度，品牌無須定位和宣傳，就能隨時直接接觸到客戶，用綿延不斷的優質價值去打動客戶的心，透過「直指人心」而迅速獲得客戶的喜愛和擁戴。

總結一下，技術、信仰和關係就是打造品牌的三駕馬車。這也是品牌建設的正道。

當然，進入智慧驅動的後數位化時代，這三駕馬車也稍顯單薄。在真實和虛擬世界並存並互通的時代裡，打造品牌要靠沉浸式的「品牌深度體驗」，也就是品牌會為每位客戶建構一個完全個人化的混合世界。在這個世界裡，品牌與客戶建立全天候、多面向的接觸，滿足他們所有的需求，並引導和塑造客戶需求。這個時候，品牌也就成了真正的超級平

## 第十二講 如何打造品牌？

臺。在這個階段，客戶和品牌關係再次發生顛覆性的變化，不再是品牌融入客戶的世界，而是客戶融入品牌的世界，且深度依賴品牌。傳統意義上的品牌會完全消亡。

這幾年，一些企業大肆宣揚「元宇宙」，其實就是為了建構一個品牌世界，好讓所有人沉浸其中而不能自拔。各大企業也在為打造這個新世界而緊鑼密鼓地布局。這些企業將開創一個全新的品牌時代，其精彩程度和顛覆性讓現在的我們幾乎無法想像，而品牌的發展也會進入一個前所未有的新境界。

# 第十三講
# 品牌傳播與定位該怎麼做？

品牌關乎價值。從廣義上來說，品牌文化和客戶關係也是一種顧客價值。因此，打造品牌的關鍵是向客戶持續地提供優質的產品、服務和體驗、精神內涵，以及和客戶保持親密，去解決他們在身、心、靈層面的各種問題。當然，這種顧客價值還要具有顯著的差異化，才能獲得客戶的注意、信任和喜愛。

品牌要想迅速成功，除了提供顯著差異化的總體優質價值，有效的傳播也很重要。可以說，品牌傳播是品牌建設的加速器，可以幫助品牌走上成功的快車道。

## 第十三講　品牌傳播與定位該怎麼做？

### 品牌傳播的三大模式

總體來說，品牌傳播有三大模式：第一，企業推動的「廣告宣傳」模式；第二，客戶導向的「口碑宣傳」模式；第三，企業和客戶共同推動的「內容行銷」模式（content marketing）。

先談品牌的「廣告宣傳」模式。「廣告宣傳」就是透過電視、雜誌、海報、廣播和網站等各種管道和方式去做廣告。在工業化時代，「廣告宣傳」是品牌傳播的主要方法。今天我們所熟知的大部分知名品牌，都是利用這種模式發展起來的。

這種品牌傳播的特點是：企業主導的單向交流，更像是企業向廣大潛在客戶「喊話」。在這種模式下，「品牌定位」就顯得很重要。因為成功的定位，可以很容易讓客戶在喧鬧的品牌世界裡關注並記住一個品牌，從而幫助這個品牌在眾多競爭者中脫穎而出。

「口碑宣傳」是自下而上由客戶導向的品牌傳播模式。「口碑宣傳」的關鍵是先透過極致的產品或體驗，獲取一批對品牌充分認同，甚至是充滿熱情的種子使用者或粉絲。這批種子使用者或粉絲就會自發地口口相傳，進行品牌推薦。和廣告宣傳相比，口碑宣傳的成本低，而且可信度高。如果有足夠的種子使用者進行口碑宣傳，很可能在很短的時間內就可以幫助一個品牌獲得成功。優步、特斯拉、lululemon 和 Google 等都是透過口碑宣傳而快速崛起。

「內容行銷」模式和「廣告宣傳」模式與「口碑宣傳」模式有顯著的不同。狹義的內容行銷，就是在數位化平臺上展現高品質多元化的品牌內容，以吸引廣大客戶的注意，並實現吸客、轉換和建設品牌的目標。這種行銷模式由企業和客戶共同進行，代表著一種新的傳播理念和方式。

## 澄清對品牌定位的誤讀

在當今的數位化時代，廣告宣傳模式已經不像當年那樣占據絕對的主導地位。但是，這種模式依然有它的價值。另外，主流的廣告宣傳模式大多是以 30 秒鐘的電視廣告的形式出現。為了讓潛在客戶在如此短的時間內對一個品牌形成正面認知，品牌定位就成了一種主要手段。

雖然「定位」是一個企業常用的品牌建設和傳播手段，但是不少人對這個概念有誤解，需要加以澄清。

第一，「品牌定位」不是品牌策略。

品牌定位只是品牌策略中的一個環節，但很多人以為，品牌策略就是精簡出來的一句定位語，這其實是對品牌策略的錯誤理解。

前面已經反覆強調過，品牌策略的核心是向客戶提供具有顯著差異化的價值。沒有真正優質的顧客價值，不管「那

## 第十三講　品牌傳播與定位該怎麼做？

一句話」多麼精彩，也無法「化腐朽為神奇」。在數位化時代，這就意味著要透過產品、服務和內容等帶給使用者優質的整體體驗，遠遠不只是提出「那一句話」，然後傳播出去。

然而在現實中，很多企業把品牌策略等同於「品牌定位」或那一句廣告語，這其實是本末倒置，把品牌策略降為宣傳策略。這樣會直接導致企業的品牌建立的後勁不足。

第二，品牌定位也不只是「那一句話」。

品牌定位的本質是對品牌內涵的一種定義，它確定了品牌的精髓或品牌的「靈魂」。品牌定位是企業重要的策略決策，而不只是傳播層面的宣傳語。

更準確地說，品牌定位其實是對整個企業的經營哲學和理念進行定義或選擇。品牌定位有兩個層次，一個是公司品牌的定位，另一個是產品品牌的定位。平時所談的品牌定位大多是產品品牌的定位。

一般而言，產品品牌的定位是一種宣傳層面的戰術問題，它往往可以被精簡成一句話。但是公司品牌的定位，雖然也可能用一句話來表達（比如蘋果的「不同凡想」，Nike 的「就去做吧」），卻需要整個企業對自身的使命、願景和理想等進行深度的思考，然後才能做出這個重大的決定。公司品牌的定位根本不是宣傳層面的工作，而是一個企業關鍵的策略舉措。

第三，品牌定位不是「獨特銷售主張」（USP，unique selling proposition），也不是顧客價值主張（CVP，customer value proposition）。

這三個概念的確關係緊密：「顧客價值主張」是企業向客戶提供的總體價值，涵蓋範圍很廣，既包括和競爭對手具有差異化的價值點，也包括不具有差異化但必須具備的價值點。以富豪汽車為例，作為高階轎車品牌，它的「顧客價值主張」有很多，比如舒適、寬敞、品質穩定、安全、銷售服務良好、維修方便和品牌信任度高等。可以看出，「顧客價值主張」表達的是一個企業或產品解決使用者問題的整體能力。

「獨特銷售主張」或者俗稱的「賣點」，是「顧客價值主張」的一種高度精簡。「獨特銷售主張」大多聚焦在和競爭對手最大的差異點，以便給客戶一個購買的充分理由。仍以富豪汽車為例，它的「獨特銷售主張」是「安全」，這是富豪汽車向使用者提供的價值主張中最具差異化的價值點。

品牌定位則更為廣泛。首先，品牌定位可以是公司品牌定位，也可以是產品品牌定位。一部分企業的品牌策略是用公司品牌涵蓋所有產品，也就是所謂的「單品牌」或「家族品牌」（branded house），例如蘋果、Nike、哈雷機車、lululemon等。還有一些企業採取產品品牌策略，即打造多個單獨品牌形成品牌家族（house of brands），例如P＆G、聯合利華和帝亞吉歐（Diageo）等。

## 第十三講　品牌傳播與定位該怎麼做？

很多產品品牌的定位可能直接就採用了「獨特銷售主張」。例如，P＆G旗下的「汰漬」（Tide）就是基於「有效」和「亮白」這兩個核心賣點進行的產品品牌定位。但這也只是產品品牌定位的一種方式。公司品牌定位大多和產品層面的「獨特銷售主張」沒有直接關係，只有在少數情況下，如果公司品牌完全由產品出發，那麼公司品牌定位也可能是「獨特銷售主張」，比如富豪汽車的「安全」和沃爾瑪的「低價」等。

但是，在更多的情況下，公司品牌定位會更強調一些比較「虛擬」的理念，如一個企業的信仰或價值觀。以Nike為例，它的品牌定位是「就去做吧」（Just do it!）。這是一種生活的態度。Nike的具體產品賣點則是「創新」、「品質」、「設計」和「舒適」等。總而言之，品牌定位最廣泛，「獨特銷售主張」最精準，顧客價值主張則介於兩者之間。

以蘋果為例。蘋果的顧客價值主張是蘋果所提供的所有理性價值和感性價值的總和，包括易用、輕便、效率、身分、酷、美觀、自我定義、服務、全產品生態鏈、多元內容、喜悅和滿足等。蘋果的「獨特銷售主張」可以視為易用、酷，而蘋果的品牌定位則是「創新者、顛覆者、引領者」，完全是一種精神層面的定位。

第四，品牌定位不是只靠宣傳或傳播來實現的。一般認為，品牌定位是在客戶心智中塑造一個正面且獨特的形象，以形成和競爭對手的有效差異化。因此，絕大多數企業想到品牌

定位時往往只想到傳播或宣傳手段。其實，品牌定位主要是靠客戶對產品、服務等價值元素的具體感受來實現。也就是說，在客戶心中樹立一個獨特的品牌形象的主要手段是真實直觀的「客戶體驗」，而宣傳僅發揮推波助瀾的輔助作用。

明白了「品牌定位」的概念，就可以看出，其實很多企業把品牌策略等同於「品牌定位」，而且把品牌定位等同於那一句廣告語，這其實是對品牌策略和品牌定位非常狹隘的認知，用這種理念來打造品牌很難達到預期的效果。

## 品牌定位的六種方法

一個企業如何進行有效的品牌定位呢？大致有以下六種方法。

第一，「銷售主張」導向的定位。

這是最常用的定位方法，就是從使用者價值主張中提出產品的獨特賣點。例如富豪汽車的「安全」、可口可樂的「快樂」和三一重工的「三位一體」等。

第二，競爭對手導向的定位。

這種定位方法也很常見，也可以用於公司品牌定位。例如美國租車公司艾維斯（Avis）針對產業領袖赫茲（Hertz），提出「我們是第二名，所以我們更努力」的定位。

## 第十三講　品牌傳播與定位該怎麼做？

第三，商品類別導向的定位。

這種定位方法就是風靡一時的「艾爾‧賴茲」（Al Reis）定位方法的核心，也就是透過打造新商品類別來塑造自身商品類別領袖的地位。例如七喜（7.Up）的「非可樂」（Uncola）的定位。很多商品類別創新者自然而然地實施了這種品牌定位方法，例如 Google、特斯拉、臉書和亞馬遜等。

第四，市場領袖型定位。

這種定位方法就是把品牌定位為「成為市場的領袖」，從而獲得客戶的高度認知和認可。例如，三一重工的「全球銷量第一」。美國甲骨文（Oracle）多年來也持續採用這種定位方法。由此還可以引申出「類比型」定位。例如，網飛被視為「串流媒體中的蘋果」等。

第五，情境導向的定位。

這種定位方法，是針對一個特定的產品使用情境，並對其進行客戶心智的壟斷。例如，奇巧巧克力（KitKat）的「餓」情境等。

第六，信仰導向的定位。

這種定位方法完全脫離了產品，而把企業的信仰、理念和價值觀作為品牌定位的基礎。經典的例子就是蘋果、Nike、哈雷機車和 lululemon 等。這種品牌定位，自上而下地串聯了公司品牌和產品品牌。也就是說，公司品牌和產品品

牌基於同一個理念達到完全的整合。

這種品牌定位是比較高階的定位方法，可以確保公司上下對自己的品牌價值有統一清晰的認知。這樣在設計和交付顧客價值時，企業的各個部門都能合作得更順利，保持一致性。

這樣看來，從表面上來說，品牌定位是為了傳播。而品牌定價真正的作用，是為企業發展確定一個明確的經營哲學和發展方向。也就是說，品牌定位的關鍵目的是為公司進行定位。品牌定位是企業的最高策略。從品牌策略的發展過程來看，品牌定位最終要從產品品牌的戰術層面上升到公司品牌的策略層面，用企業信仰和價值觀作為品牌定位的基礎，讓品牌成為指引公司前進的「北極星」。就算只從宣傳層面來談產品品牌的定位，傳播品牌的信仰和價值觀才是品牌定位的最高境界。

## 品牌定位的適用情境

知道了品牌定位的主要方法和背後的理念，再討論一下各種定位方法的適用條件和情境。

前五種品牌定位方法都基於企業導向和產品導向的邏輯，因為這些定位方法的本質，在於透過各類廣告和宣傳手

## 第十三講 品牌傳播與定位該怎麼做？

段向客戶單向灌輸某種品牌資訊，重在「說服」客戶，以影響他們的判斷和選擇，從而促進某個產品的銷售。這種定位邏輯更適用於正在逐漸退出歷史舞臺的工業化時代。

具體而言，主流的品牌定位方法僅適用於滿足以下三個條件的狹窄情境。

第一，企業主導的工業化時代。

第二，廣告為主體的傳播時代。

第三，使用者關注單個產品或商品類別。

進入數位化時代以後，隨著客戶權力的大幅提升，品牌逐漸被客戶接受，企業開始透過口碑主導品牌的傳播。在這個傳播過程中，客戶參與定義品牌的內涵。品牌建設已經從企業向客戶的單向輸出變為客戶參與的共創。

更重要的是，顧客價值也從單一的產品或服務逐漸演變成豐富多元的整體感受。這樣的品牌已經沒有什麼清晰的「銷售主張」、「競品」、「商品類別」、「使用情境」等，也很難精簡出一句定位語。這時候，工業化時代由企業主導的聚焦單一產品或商品類別的品牌宣傳模式，即「定位＋廣告」的黃金組合逐漸失效，用簡單定位來進行品牌宣傳和建設的時代已然過去。

隨著逐漸進入「數位智慧化」時代，品牌承擔的角色更加多元，從品質與資訊的提供，延伸到體驗塑造，再變為夥伴，

甚至顧問。品牌的內涵也更加豐富，需要同時滿足使用者各個層面的總體需求，如購物、社交、娛樂、情感和個人成長等。聚焦單點，依賴廣告的品牌定位將完全失去下場的資格。

這時候，品牌傳播需要採取「口碑宣傳」模式和「內容行銷」模式。

## 口碑宣傳和內容行銷的四個要點

這兩種品牌傳播模式可以結合起來看，因為它們相互影響，甚至可以說是互為依存的。另外，無論是口碑宣傳還是內容行銷，本質都是對品牌價值和價值觀的認可。只不過口碑宣傳側重具體的產品和體驗，也就是品牌價值，而內容行銷會更聚焦圍繞品牌價值觀講好故事，以及在價值觀的指引下為客戶賦能。

這兩種傳播模式比較容易理解，所以我只著重說一說利用口碑宣傳和內容行銷進行品牌宣傳的四個注意事項。

第一，口碑宣傳不是蹭熱度，進行事件行銷，而是透過優質的產品或服務培養種子使用者，然後透過種子使用者在社群媒體上進行自發的傳播，來打造一個品牌。

第二，內容行銷的核心是打造品牌的 IP。品牌內容至少要有三類，第一類是「實用導向」內容，即幫助客戶解決真正

## 第十三講　品牌傳播與定位該怎麼做？

的問題，消除客戶的痛點；第二類是「娛樂導向」內容，即可以帶給客戶娛樂和喜悅；第三類是「啟發導向」內容，即要去激發客戶的想像力和熱情，幫助客戶成為更好的自己。

第三，「品牌內容」不應局限於社群媒體上的文字和影片，可以向多元化的方向延伸。在 C 端市場，可以是影視作品、動畫漫畫、快閃展覽和主題公園等。在 B 端市場，可以是白皮書、產業標準、幫助使用者提升工作效率的應用軟體等。未來幾年，直播將成為 C 端和 B 端市場主要的內容生成和輸出方式。

第四，元宇宙將成為企業進行品牌建設的主戰場。在各種高科技手段的加持下，企業會在元宇宙裡「八仙過海」，各顯神通，用人們無法想像的精彩方式傳播品牌和塑造品牌。元宇宙就是品牌內容行銷的終極形態。

最後需要強調的是，如果只把品牌定位作為一種影響客戶判斷的宣傳手段，那就太過時了。但是，如果把品牌定位理解為「公司的策略定位」，那麼品牌定位就會一直保持充沛的生命力。也就是說，進入數位化時代以後，品牌宣傳和定位不能再聚焦產品「獨特價值」的表達，而應該聚焦企業「獨特價值觀」的表達。重要的是，要透過價值、信仰和客戶關係，把這種價值觀以客戶體驗的方式具體呈現出來，實現品牌定位的「實體表達」，這才是品牌宣傳和定位的真諦。

# 第十四講
# 如何管理客戶關係？

客戶關係管理，又稱 CRM（customer relationship management）。客戶關係管理由來已久，自從有了商業，商家就需要管理客戶關係。最初，因為客戶數目有限，商家都會像經營人脈一樣，精心地建立和維護客戶關係。客戶對商家忠誠度也比較高，雙方相互信賴。進入工業化時代以後，企業聚焦大規模的生產製造，客戶數目也大幅增加。在這種情況下，商家和客戶就喪失了個人層面的關聯，逐漸變成了純粹的交易型關係。

## 第十四講 如何管理客戶關係？

### 客戶關係管理日益重要

隨著工業化時代進入頂峰，市場競爭變得越來越激烈，企業也意識到客戶關係的重要性。研究顯示，如果客戶保留率提升 5%，就會讓客戶終身價值提升 50%，而且老客戶可以比新客戶帶來超過 2 倍的銷售額。

企業在 1970 年代初重新開始關注客戶關係管理。到了 1990 年代，「客戶關係管理軟體」（CRM）的推出把這個趨勢推向了頂點。現在，差不多每家公司都有客戶關係管理的職能或部門。即便如此，工業化時代仍然是「產品為王」。一個企業就算沒有刻意地進行客戶關係管理，依靠過硬的產品，也能在市場上遙遙領先，例如蘋果、豐田和戴森等。

進入數位化時代以後，在網路技術的加持下，客戶對市場有了前所未有的掌控能力。同時，各種產品的同質化十分嚴重，平臺對客戶的搶奪更加白熱化，流量越來越貴。更重要的是，在這種情況下，產品也從硬體開始向服務和內容延伸。這樣一來，消費就不再是客戶在某個情境下的個人行為，而成為商家和客戶，或者客戶之間持續互動的過程。企業單靠產品已經不能再高枕無憂。

在這種情況下，能否擁有一批足夠數量的長期穩定的客戶就直接決定了企業的成敗。

可以說,「客戶為王」的數位化時代就是「客戶關係時代」。沒有強大的客戶關係,企業很難實現長期的興旺發達。意識到在數位化時代客戶關係已經成為企業軟性資產的核心,越來越多的企業開始關注「關係資產」、「粉絲」和「私域流量」的建構和營運。客戶關係管理遂逐漸成為企業的核心策略問題。

就連美國著名科技媒體人凱文・凱勒（Kevin Keller）也認為,對很多職業來說,只要有一千個忠實粉絲就足夠了。可以看出,在這個時代,客戶關係管理是企業核心的策略問題。沒有優質的客戶關係資產的企業將慢慢被淘汰。

## 對於客戶關係管理的三個誤解

雖然客戶關係管理如此重要,但是不少企業對客戶關係管理的理解仍有偏差。大致而言,有三種主要的誤解。

第一,認為客戶關係管理就是用各種方式留住客戶,從而實現企業利益的最大化。

很多企業對客戶關係管理的理解是：透過對客戶的區分、定位和跟蹤,針對每類客戶採取不同的營運策略,從而提升客戶體驗。在此基礎上,採用各種方法持續維護客戶關係,並不斷挖掘顧客價值,最終達到增加企業自身營收的目的。

## 第十四講　如何管理客戶關係？

顯然，這種邏輯根本不是在和客戶建立關係，而是把客戶當作一群獵物或流量，以便實現自身利益的最大化。也就是說，對企業而言，客戶關係管理是一種以自我為中心，旨在誘惑客戶「上鉤」，最終實現自身利潤最大化的利己手段。

這樣看待客戶關係管理，就把和客戶建立所謂的「關係」當作一種實現銷售的手段，帶有非常功利的動機，根本無法真正打動客戶。客戶當然明白這點，所以絕大多數客戶對和企業建立關係毫無興趣。這樣的客戶關係管理，其實是在傷害而不是建立客戶關係。

真正的客戶關係管理是以客戶為中心，為客戶的利益著想，從客戶利益出發，協助他們實現目標與願景。在這個過程中，企業也同時實現自身的目標。這個目標不是自身利益的最大化，而是共同利益的最大化。這是一種互信互利、共生共榮的雙贏關係。在這種情況下，企業和客戶形成了利益深度連結的命運共同體，同舟共濟，休戚與共。因此，真正的客戶關係是實現「人我合一」、「命運共享」的境界。

美國線上鞋店 Zappos 就是這樣的典範。Zappos 的經營宗旨就是為客戶「傳遞快樂」，把客戶當作朋友，全力以赴地為客戶帶來超值體驗，並在這個過程中實現企業自身的價值。

這樣看來，「客戶關係管理」這個概念中的「管理」一詞本身就不合適，顯現出「以我為主，居高臨下」的邏輯。真正相互認同並信任的良性關係是無法被管理出來的。所謂的

客戶關係管理 CRM 其實是「客戶利潤管理」，應該稱為 CPM（customer profit management）。

要想改變這種認知失誤，企業首先要把「客戶關係管理」改為「客戶關係發展」（CRD，customer relationship development），也就是把 CRM 中的「M」替換成「D」，從而在基本理念層面做出改革。這樣企業才能放下自私自利的心態，真正以客戶為中心，為客戶解決問題，否則永遠也無法把客戶關係管理做好。

第二，把客戶關係管理等同於軟體系統和大數據平臺。

以前 CRM 是一個管理理念，現在卻被理解成為企業進行客戶關係管理的系統工具。這樣的話，就把一個廣義的策略問題變為一個狹義的技術問題。甚至在有些企業，客戶關係管理由資訊科技部門來負責營運。這樣肯定無法把這項工作做好。

客戶關係管理，首先是一種企業文化，也就是「以客戶為中心」去實現共同利益最大化的經營哲學。這個理念必須貫通整個組織，深入到每位員工的心中。其實，在很多情況下，有效的客戶關係管理很可能根本不需要技術，只要激發員工真心為客戶服務的熱情就行了。

例如，美國旅遊業的 Grand Expeditions，這個公司的一個部門會在客戶旅程結束後，向客戶寄送一封手寫的感謝信，

## 第十四講　如何管理客戶關係？

很受客戶喜歡。於是，Grand Expeditions 就把這個實踐在整個企業內推廣，對客戶關係的發展發揮了顯著的推動作用。

所以說，客戶關係管理涉及企業文化、組織架構、策略、營運流程、績效考核和人力資源政策等諸多方面，而軟體系統和數據資料只是進行客戶關係管理的輔助手段。但在實踐中，很多企業過於相信技術和數據，依賴技術和數據來驅動客戶關係管理，真可謂本末倒置。

而且，很多企業只是用 CRM 軟體系統進行客戶區分、目標選擇和追蹤，並沒有心懷敬畏，真正用心去傾聽客戶的聲音，也沒有細緻地洞察客戶的情感。顯然，企業有技術而沒有文化是沒有用的，有數據資料但不走心，同樣無濟於事。

第三，把客戶關係管理當作一個戰術問題，而非策略問題來看待。

很多企業把客戶關係交給市場行銷部或營運部來負責，把客戶關係當成攬客和留客的手段，過於強調以點選和轉換來衝銷量，而沒有一個總體而長期的客戶策略。事實上，在數位化時代，客戶關係管理是企業策略的核心組成部分，要從總體策略的高度來理解、設計和實施客戶關係管理。

具體來說，實施客戶關係管理的第一步，就是要建立一個以客戶為中心的組織，否則客戶關係管理根本無法落實。有研究顯示，在所有失敗的客戶關係管理專案中，近九成是因為企業的文化和組織架構沒有進行相應的變化。以自我為

中心的，具有工業化時代特徵的企業，是無法有效實施客戶關係管理的。

因此，客戶關係管理是一個涉及企業各方面的大策略，企業架構、營運流程、績效考核、員工培訓和薪酬政策等，都要進行相應的改變，才能確保它的成功。

比如，美國電力設備產業的百年老店，即後來被施耐德電氣收購的 Square D，在實施客戶關係管理專案之前，先把以產品線為導向的組織架構變成了以客戶群為導向，同時把其他職能部門相互整合，共同合作，為客戶群提供支援。這一組織變革用了三年時間才完成。可見進行客戶關係管理之前要做好大量的準備工作。

另外，作為企業的核心策略，客戶關係管理不是一個單獨的業務，而是跨部門的事情，需要企業各部門的無縫合作，共同參與。所以，在很多情況下，需要企業創立新的職位，比如顧客長（CCO，chief customer officer）或者經驗長（CEO，chief experience officer），來協調和聯通各個相關部門。

## 客戶關係管理的四個層次

破除了客戶關係管理的三個失誤之後，企業如何有效地進行客戶關係管理？

## 第十四講　如何管理客戶關係？

要理解客戶和企業的關係至少有四個層次，要從這四個層次來建構圍繞客戶的「關係之網」。

第一，產品和客戶。

企業是很抽象的，要和客戶建立情感關聯，首先要從產品入手。也就是說，和客戶建立的第一層關係可以透過產品實現。

主流觀點在討論客戶關係時，往往強調和客戶建立情感關聯，形成「強烈情感」就自然而然形成「深度關係」（deep relationship）。事實上，尤其在 C 端市場，客戶很難和一個無生命的產品或一個抽象的企業形成真實的情感。因此，客戶關係的基礎應該是客戶對產品的依賴關係，也就是要讓客戶對產品形成「高依賴度」，讓客戶根本離不開你的產品。

沒有強依賴度的客戶關係便沒有堅實的基礎。建構客戶關係的核心不是建構強情感度，而是強依賴度，讓客戶對企業的產品形成功能依賴。在 B 端市場的客戶關係尤其如此。

要讓客戶對企業產品形成強依賴度，除了產品要解決客戶的迫切需求之外，還可以向客戶提供「多情境解決方案」。具體而言，企業要從客戶消費情境分析（consumption scenario analysis）入手，首先洞察客戶在整體消費旅程中各個情境的總體需求，然後透過提供整體解決方案滿足這些需求，從而讓產品和服務深度融入客戶旅程各個階段的關鍵情境，成為

他們不可或缺的幫手。這自然就會帶來客戶和產品之間無法割捨的關係。

例如,美國的國家半導體(National Semiconductor)這家半導體晶片公司,就利用這種方法,透過分析客戶整體旅程中的各個主要消費情境,如產品設計、設計測試和下單購買等,發現了他們在不同階段的核心需求,如自動化設計、功能模擬和便捷採購等,並由此打造了滿足客戶各項需求的整體解決方案,讓他們數小時之內就可以完成以前需要幾個月才能做完的工作,從而建立了堅強的客戶關係。

第二,品牌和客戶。

和客戶建立的第二層關係可以透過品牌來實現。其實,品牌就是一種和客戶的情感關聯。很多企業投入巨資打造品牌就是想建立這種客戶關係。但是,這個層面有局限,就是在C端市場,對於和個人身分與形象相關的商品類別,比如手機、摩托車和手錶等耐久財,這種關係比較容易建立,但對於食品、牙膏和洗衣粉等消耗品則比較難。在B端市場建立這種品牌層面的情感連結,就要靠實力堅強的產品品質,要讓客戶對企業和產品有百分之百的信任。

第三,企業和客戶。

在企業和客戶之間建立關係,也是目前CRM系統關注的客戶關係類型。一般是由企業的營運部門、客服部門、市

## 第十四講　如何管理客戶關係？

場行銷部門或業務部門從事這項工作，例如把客戶按需求、利潤貢獻率或終身價值（CLV，customer lifetime value）做分層管理等。

第四，客戶和客戶。

建立客戶和客戶之間的關係是客戶關係的第四個層次。隨著數位化時代的發展，這個層次越來越重要。品牌社群，包括私領域就是在建立這種關係。客戶在營運良好的品牌社群中可以形成參與感、歸屬感和榮譽感，透過和社群的其他成員建立情感關聯，進一步深化與企業或品牌之間的緊密關係。

哈雷機車的品牌社群就是經典的例子。哈雷透過設立騎士俱樂部（HOG，Harley Owners Group）成功地打造了一個哈雷大家庭。眾多成員在這個社群中頻繁互動，成了親密的朋友和夥伴。這種社群關係幫助哈雷和廣大客戶之間形成了以情感為基礎的強關聯。其他品牌如 lululemon 和特斯拉等也是透過這種方法建立了深厚的客戶關係。很多客戶成為粉絲，甚至是產品代言人，自發地不斷擴大客戶關係圈，極大地強化了這些企業和客戶的情感關聯。

在 B 端市場建立這種客戶社群就更為重要。例如，德國軟體公司 SAP 就透過建立一個活躍的客戶社群，讓客戶互幫互助，解決了他們大量的問題。這樣就建構了這些客戶和 SAP 的緊密關係。

如果一個企業在正確的理念、組織和策略的引導下，圍繞以上四個層次建構和客戶的關係，就一定能夠打造出長期穩定、良性健康的客戶關係，真正實現客戶和企業的互利雙贏（見圖 14-1）。

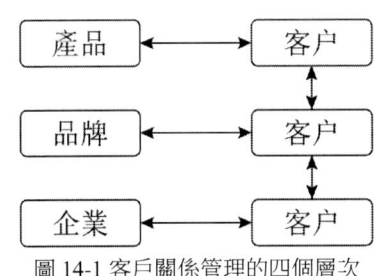

```
產品 ←→ 客戶

品牌 ←→ 客戶

企業 ←→ 客戶
```

圖 14-1 客戶關係管理的四個層次

## 客戶關係管理的四個要點

最後還需要強調幾點：

第一，價值是一切客戶關係管理的基礎。建構客戶關係的前提是創造顧客價值。任何「輕產品，重關係」的企業都無法持續獲得成功。

第二，要選擇正確的客戶。很多客戶並不想和企業建立關係，而且很多關係型客戶的服務成本可能很高，企業要能夠按照顧客價值和關係類型進行區分並聚焦正確的客戶。雖然客戶關係管理不是軟體系統和資訊平臺，但是建立這些核

心工具系統非常重要,可以幫助企業選對客戶,同時更加有效地建構良性的客戶關係。

第三,最重要的「客戶」其實是自己的員工。企業首先要和員工建立互信的健康關係,才能啟用員工全心全意地和客戶建立正向的長期關係。

第四,關係型企業需要新的組織能力。除了資料分析能力、同理心,還要具有足夠的人際關係經營能力(relational intelligence)。另外,在數位化時代,和客戶建立朋友般的關係越來越依賴高品質的內容、個人化的產品和服務和即時的對話互動能力。由此可見,有效實施客戶關係管理和所謂「關係資產管理」並不容易,需要企業在諸多方面實現升級。但是這是數位化時代每個企業獲取成功的必經之路。

# 第十五講
# 如何進行數位化行銷？

進入數位化時代以後，數位化行銷幾乎成了所有企業的標配。雖然每個企業的管理者都已意識到數位化行銷的重要性，但是對於數位化行銷的理解和實踐，不同企業之間有很大的差異。

很多企業以為數位化行銷就是利用網路工具和數位化手段，比如搜尋引擎最佳化（SEO）、網路廣告和社群媒體傳播等，讓商品資訊更精準地觸及更多的客戶，實現拓展客源的目標。其實，這些只是數位化行銷的初級階段。如果這樣理解數位化行銷，那麼一個企業很難在數位化時代的市場競爭中取得持久的優勢。

# 第十五講　如何進行數位化行銷？

## 數位化行銷的定義

什麼是數位化行銷呢？要回答這個問題，需要先回顧一下什麼是市場行銷。

在前面討論過，市場行銷絕不只是商業資訊的傳播或品牌的宣傳，而是圍繞滿足客戶需求，以便建立長期客戶關係的一關係企業行為和職能。市場行銷部可以看成是企業服務客戶的介面，也就是負責解決客戶所有問題的一站式「客戶部」。

雖然很多企業仍然把市場行銷視為傳播和推廣的部門，但是市場行銷包含的職能應該更加廣泛，例如市場策略的制定、市場調查、傳播推廣、品牌管理、通路管理、銷售和客服、客戶體驗設計、客戶關係發展、價格管理和產品研發等。也就是說，一個企業所有和客戶接觸的環節，都屬於市場行銷的範疇。

這樣看來，數位化行銷不只是數位化的資訊傳播，而是將所有市場行銷的職能數位化，從而更好地滿足客戶需求。透過網路媒體向目標客戶精準地投放資訊，只是數位化行銷的第一步，向他們提供符合消費情境的、精準的數位化價值和體驗，才是數位化行銷的核心。這就是為什麼可口可樂的前任行銷長馬可仕・德昆圖（Marcos de Quinto）會說：「只有那些沒有真正的數位化行銷策略的企業，才會聚焦社群媒體戰略。」

Nike 的數位化行銷就充分說明了這一點。Nike 不只是在社群媒體上發送內容或者投放廣告,而是進行數位化產品研發、數位化零售、數位化服務、數位化物流和供應鏈管理,以及數位化客戶關係管理,例如透過各種應用軟體建構客戶社群等。透過這些數位化舉措,Nike 為客戶提供了非常豐富的全方位數位化價值和體驗。

因此,從企業端來看,數位化行銷是整個市場行銷職能的數位化;從客戶端來看,數位化行銷是顧客價值和體驗的數位化。

## 數位化行銷的八個內容

具體而言,數位化行銷包括以下八個關鍵部分。

第一,數位化市場調查。

第二,數位化推廣和傳播。

第三,數位化品牌建設。

第四,數位化產品研發。

第五,數位化客戶體驗。

第六,數位化管道。

第七,數位化銷售和客服。

第八,數位化客戶關係發展。

## 第十五講　如何進行數位化行銷？

　　當然，數位化行銷的本質不但是把上述的行銷職能數位化，而且透過數位化手段整合這些職能，進行整合式運作，為客戶提供一個全方位的數位化體驗。很明顯，真正的數位化行銷需要企業完成深度數位化轉型之後，才能夠全面落實。

　　對於傳統企業而言，這是一件困難重重的事，需要一步步慢慢來。一般的做法是先從比較簡單，涉及部門較少，而且能很快看到效果的領域入手，如數位化調查、數位化傳播和數位化銷售等。然後透過這些職能的數位化，倒逼企業的其他部門進行數位化轉型。

　　真正的數位化行銷雖然很難，但是對於企業而言至關重要。

　　因為商業時代已經發生了翻天覆地的變化，仍然沿用傳統主流的市場行銷策略和打法越來越沒有效果。電商平臺的崛起更讓企業的影響力大大減弱。在這種情況下，數位化行銷可以讓企業在電商平臺主導的時代直達客戶，重新獲取商業話語權。尤其對於中小企業而言，數位化行銷為中小企業提供了一個在夾縫中崛起的關鍵手段。因此，企業沒有其他選擇，只有知難而上，一旦成功轉型，就會勢不可當。因為和傳統行銷相比，數位化行銷具備壓倒性的競爭優勢。

　　雖然目前的數位化行銷水準還無法為客戶提供最適合他們消費情境的、精準的數位化價值和體驗，但是已經可以實現某種形式的整合式行銷，例如「全連結營銷」。

## 全旅程整合行銷是數位化行銷之魂

傳統行銷關注「整合行銷」，就是確保所有的宣傳媒介要統一發聲，目標是影響消費者的判斷。而「連結行銷」聚焦消費者購買和沉澱，直接邁向「業績」這個最終結果。

具體地說，傳統行銷是用傳播手段讓客戶形成認知。客戶有購買需求的時候，再去購物網站上搜尋產品，然後經過比較而下單。在這個過程中，很多因素都會打斷客戶的消費旅程，阻礙客戶最終的購買行為。

全旅程整合行銷則完全不同。例如，當紅直播主在直播時推薦了某款產品，客戶立刻產生購買衝動，直接下單購物，然後還可以加入這個直播主的粉絲群，變成自有的顧客資源而沉澱下來。這個購買連結非常短，廣告宣傳、賣場、客服和客戶關係等全部都被整合在一起，行銷直接導向行為，購買立即建立關係，這樣就形成了緊密的行銷閉環。因此，這種行銷模式具有傳統行銷永遠無法比擬的優勢。

可以說，全旅程整合行銷就是數位化行銷的最大特點，也是數位化行銷的優點。具體而言，全旅程整合行銷包括兩個方面：客戶全旅程整合行銷和通路全連結行銷。

# 第十五講 如何進行數位化行銷？

## 客戶生命週期全旅程整合行銷

先講客戶生命週期的全旅程整合行銷。

「客戶全旅程經營」是指企業對客戶全生命週期進行洞察和精細化營運。客戶的生命週期一般有以下五個階段構成：知曉（awareness）、興趣（interest）、購買（purchase）、忠誠（loyalty）和推薦（advocate），描述一個客戶從非使用者到新使用者，再到老使用者、高強度使用者的整個過程（見圖 15-1）。

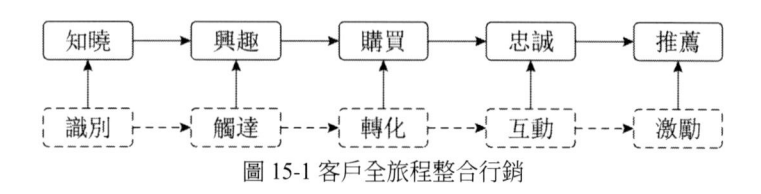

知曉 → 興趣 → 購買 → 忠誠 → 推薦

識別 --→ 觸達 --→ 轉化 --→ 互動 --→ 激勵

圖 15-1 客戶全旅程整合行銷

傳統行銷聚焦「知曉階段」，主要是投放廣告，對於影響客戶的其他階段，能夠採取的有效手段不多，主要原因是傳統企業缺乏有效的方法來深入地了解客戶。因此，傳統企業根本不知道客戶到底身處哪個階段，自然也就無法影響他們。

而數位化手段可以讓客戶透明化，也就是透過打通線上與實體通路對客戶進行全方位的觀察和分析。這樣就可以精準了解客戶所處的具體階段，以及他們在不同階段和情境下的喜好。有了這些資訊，企業不但可以影響客戶在各個階段的判斷，而且可以把客戶生命週期的前、中、後期作為一個

整體來規劃，實施個人化的精準策略，以促進客戶在各階段的轉換。更重要的是，企業透過精準了解客戶在不同階段和情境下的喜好，可以精準預測需求，並能引領和創造需求。

例如，如果知道某個客戶已經完成了首次購買，就不要再推送廣告，而要建立數位化互動和溝通，例如透過應用軟體、社群平臺帳號和品牌社群改善客戶在各個接觸點上的使用感受，形成客戶黏著度。這就是客戶全旅程整合行銷。客戶全旅程整合行銷可以使企業能在不同接觸情境中持續與客戶連結，從而在客戶生命週期的每個階段都對客戶施加有效的影響。同時還能夠做到顧客價值和體驗設計和交付的精準化和定製化，最大限度地滿足客戶需求，從而建構長期穩定的良性關係。

## 通路全連結

再談談全旅程整合行銷的另一個方面——通路全連結行銷。

傳統行銷對通路夥伴的營運情況雖然有所了解，但遠遠不夠，因此，無法即時有效地進行介入和改善。數位化行銷可以讓通路透明，企業可以隨時判斷情況並進行介入，同時可以實現 B 端和 C 端的整合，也就是打通廠家、經銷商、零

## 第十五講　如何進行數位化行銷？

售商和客戶的資訊鏈，不但能夠幫助企業做出更好的決策，而且能激發更多的需求。

隨著5G、物聯網、人工智慧和虛擬實境等高階科技的發展，任何產品都有可能成為互動設備。所謂「萬物皆媒介」，企業最終將有能力在全旅程整合行銷的基礎上，將品牌深度嵌入客戶生活的各方面，實現全情境、全需求的支援，透過打造品牌全景體驗，讓客戶沉浸在包羅永珍的「品牌世界」。可以預見的是，元宇宙將賦予數位化行銷無限的前景和可能性。

總結起來，數位化行銷的關鍵詞就是「整合化」。

從客戶端來看，就是客戶生命週期和消費整體體驗的整合。例如，數位化將消費者的認知、交易和關係融為幾乎同時發生的整合過程，大幅提升了便利性。例如現在許多成功的網路品牌都具備這種數位化能力。

從企業端看，就是職能部門之間和商業夥伴之間的整合。數位化打破了過去各司其職的職能部門如品牌、活動、公關、新媒體和營運等厚重的部門隔閡，讓企業營運更加快速且有效率。同時，數位化也把商業夥伴整合為緊密配合的生態系統。

## 數位化行銷的企業支持

既然數位化行銷如此重要,那麼企業應該如何實施?實施數位化行銷需要分幾步走。

第一,建立「以客戶為中心」的企業文化。

很多企業一想到數位化行銷,會立即聯想到數據中臺和市場行銷科技(MarTech)。其實,技術不重要,文化最重要。數位化行銷不僅是一種技術革命,更是一場觀念革命。數位化行銷代表的是真正以客戶為中心的經營哲學,可以說,行銷數位化就是企業客戶化。數位化行銷不是戰術層面的事,也不是技術層面的事,而是企業文化和策略層面的事,必須由決策高層來主導。

第二,制定合理的客戶策略。

技術和資料只是解決問題的工具。數位化行銷的基本邏輯仍然是目標客戶的選擇、客戶需求的洞察和策略目標的確定。這些是數位化行銷的核心設計,必須清晰合理。

第三,建構資料分析能力。

數位化行銷需要企業具備資料分析能力。這大致包括四件事:生成客戶資料庫、組織數位化團隊、建立數據中臺和建構資料生態體系。

客戶數位化是一切數位化行銷的前提,需要把客戶標籤

## 第十五講　如何進行數位化行銷？

化，並按照自然屬性、終身價值、行為和情境、關係類別等進行分類。數位化團隊則需要軟體、演算法和電腦技術方面的專業人才。更重要的是，這個團隊必須具備策略引導能力，可以跨界連結各個業務和職能部門，所以需要高層管理者親自帶領。可口可樂和 Nike 都任命了數位長（chief digital officer），其直接向執行長彙報工作。行銷長本應該是最合適的領導者，但大多數行銷長缺乏對數字行銷的理解和執行能力。

建立數據中臺也很重要。數據中臺是數位化行銷的神經中樞，也是服務客戶的第一線。數據中臺和前臺、後臺相配合，才能較為準確地洞察同一個消費者互動、轉換和維繫的全過程。只有即時運作的資訊整合平臺，才能有效進行數位化行銷和企業與客戶的整合式營運。

有效實施數位化行銷，還要搭建數位生態系統，尤其是建立內容生態，否則企業就算能夠直接接觸客戶，也很難產生黏著度，留住客戶，更無法建構長期良性的客戶關係。當然，完整的數位生態系統遠遠超出只是聚焦「內容」的新媒體團隊，還包括商業夥伴和客戶本身。

# 數位化行銷的實行步驟

在具體推進過程中,數位化行銷可以分為三步驟。

首先可以實行門檻最低的「數位化傳播」,如資訊傳播、品牌推廣和市場活動等。這也是大多數企業目前所處的階段。

然後是推進到數位化產品研發,同時向客戶提供更加數位化的產品和價值,如 Nike 的數位化慢跑鞋和健身服務。在這個過程中,和客戶進行精準的互動溝通,逐步建立客戶數據庫。

最後,具備足夠的客戶資料和洞察以後,企業可以推動客戶生命週期和管道全旅程整合行銷。再往後可以導入人工智慧、虛擬實境等技術,推動自動化、智慧化行銷,真正開始客戶體驗全過程的營運管理。

實施數位化行銷,沒法速成,起步就需要三年,看見成效至少要五年,甚至更長時間。在這個過程中,最大的挑戰不是技術,而是觀念、組織能力和組織架構的演進。其實,數位化行銷的根本,是企業的數位化轉型,這是一個企業脫胎換骨的艱難過程,也是內功的修練,想快也快不了,所以企業需要具有策略耐心和堅持。

還有一點需要強調的是,數位化行銷的目的,不只是提升效率,用「舊鞋走新路」,而是要實現行銷的創新和營運

## 第十五講 如何進行數位化行銷？

模式的創新,為企業提供成長的新路徑,所謂「用新鞋走新路」。另外,數位化行銷並不是傳統行銷的替代品,二者是互補雙贏的關係。其實,透過數位化強化傳統行銷手法,能讓傳統行銷發揮更高效益。在推動數位化行銷的時候,要有這種互補而非替換的心態。這樣,才能讓這項工作進展得更為順利。

# 第十六講
# 如何建立高效的行銷部門？

　　市場行銷部對一個企業非常重要，它可以直接決定企業的成敗。建立市場行銷部是一個企業需要慎重對待的大事。搭建一個高效的市場行銷部是很不容易的。

## 第十六講　如何建立高效的行銷部門？

### 市場行銷部低效的三個原因

第一，和其他部門相比，市場行銷部的組織定位是最模糊的。

「市場行銷」這個詞，本身的含義就比較模糊，所以市場行銷部在企業中到底應該承擔什麼樣的角色和責任，每家企業的理解都不太一樣。

以 B 端企業為例，有的企業中，市場部負責品牌工作，而在另一些企業中，市場行銷部可能就管銷售線索。甚至還有些企業，把市場行銷部當成了生產內容的生產線，或者是標書製作部門，是一個有職無權的擺設。在這種模糊的定位下，市場行銷部很難發揮自身應有的作用，自然也無法提升效率。

第二，市場行銷部的建立並沒有一個固定的模式。

不同的產業之間市場情況的差異很大。在企業發展的不同階段，對市場行銷的需求也不同。因此，並沒有一個放之四海而皆準的市場行銷部通用模式。產業和業務規模都會直接影響到市場行銷部的大小、職能和架構。市場行銷部的建立，沒有什麼章法可遵循，全靠企業根據具體情況自己摸索。這個部門能否建好，完全取決於企業對市場行銷的悟性。

第三，市場行銷部本身就是一個動態的部門，需要不斷調整和改良。

市場變化極快,企業的業務也時刻在變。因此,市場行銷部需要不斷調整才能滿足企業的需求。例如,在工業化時代非常有效的市場行銷手段和能力,到了數位化時代就逐漸失效。而在數位化時代,市場行銷幾乎就是數位化行銷,需要成立一個新型的市場行銷部。對很多企業來講,頻繁調整部門並不是一件很容易的事。

這樣看來,企業有一個功能正常的市場行銷部已經很不容易,讓它有效運轉就更難了。這裡我們先定義一下什麼叫「有效」。所謂市場行銷部的有效,就是市場行銷部能夠直接帶動企業業績的成長。這就是數位化時代市場行銷部最合理的組織定位。

## 建立市場行銷部的三步驟

了解了市場行銷部的定位,企業就可以開始討論怎麼建立起一個有效的市場行銷部。

具體來講,企業可以從以下三個方面入手。

第一,確定職能。

職能不清晰是造成市場行銷部無法有效運作的關鍵因素。由於面對的產業、市場和客戶不同,每個企業的市場行銷部所承擔的職能也有很大的不同。企業在定義市場行銷部

的職能時，一定要先樹立「以客戶為中心」的文化，這樣才能對市場行銷部的本質有清晰的了解。理解了市場行銷部的作用和目標，才能夠確定正確的職能。

第二，配備能力。

傳統的市場行銷部主要聚焦傳播和品牌，需要創意和文案能力。數位化時代的市場行銷部要承擔更多元的工作，也需要更加廣泛的能力，尤其是資料獲取、分析和洞察能力。可以說，進入數位化時代以來，每個企業都面臨著市場行銷部的能力再造問題。

第三，有效管理。

市場行銷部是一個比較獨特的部門。在這裡，既有天馬行空的創意人才，也有嚴謹客觀的資料專家。不同人才的性格、動機和工作特點不同，用於考核的業績指標差異也很大。有效管理並帶領這樣一支混合團隊，需要企業管理人員具有很強的同理心和高超的管理手段。

## 市場行銷部的職能

先說第一個方面，確定職能。

所謂「確定職能」，就是清晰而合理地定義市場行銷部所要承擔的工作。確定了職能，才能定下市場行銷部的目標，

也才能知道其所需的能力和比較合適的業績考核指標。

市場行銷部應該承擔什麼樣的職能？

如果市場行銷部的定位是驅動企業業績的成長，那麼市場行銷部要承擔兩種職能，一種是對外的職能，另一種是對內的職能。

在工業化時代，企業的市場行銷部主要聚焦對外的職能，也就是「吸引顧客」。採取的手段大多是圍繞品牌和產品進行傳播和推廣，例如社群行銷、廣告、促銷、辦活動和公關等。有些企業的市場行銷部還會做客戶洞察。但此時的市場行銷部都算不上策略性部門。

在大多數企業裡，行銷長（CMO）是所有 C 字頭高階管理人員裡面最沒有話語權，也最沒有存在感的。有研究顯示，在高階主管團隊裡面，行銷長是平均任期最短的（3 年）。而且只有 10% 的行銷長感覺能夠得到執行長的全權信任。

進入數位化時代以後，情況就完全不同了。

市場行銷部變得越來越重要，正在成為策略部門，類似一個企業的大腦和神經中樞。市場行銷部開始聯通並且引導企業的其他職能部門。

這是因為數位化時代就是客戶主導的時代。這個時候，客戶期待的不是一個孤立的產品或服務，而是一個端到端的整體解決方案，以及涵蓋客戶整體旅程的優質體驗。要想滿

## 第十六講　如何建立高效的行銷部門？

足數位化時代日益挑剔的客戶，企業所有的職能部門不但方向要正確，還需要進行深度合作，才有可能實現高難度的價值交付。

市場行銷部作為企業內部時刻聚焦客戶的部門，必須擔起指引和協作的工作。這就要求市場行銷部強化兩種對內職能——策略和協作。

作為一個策略部門，市場行銷部最重要的職能就是制定市場行銷策略，為企業提供正確的前進方向，也就是對準客戶需求。而協作就是串聯各個職能部門，為客戶提供無縫銜接的「一條龍」服務。

協作職能要求市場行銷部細緻地教育和培訓其他部門，例如告訴其他部門聚焦客戶的重要性和具體方法，使用市場行銷素材的最佳情境和手段等等。同時，市場行銷部還要成為收集和發放客戶洞察的資訊中心。

數位化時代的市場行銷部有四個核心職能：策略擬定、跨部門協作、需求洞察以及顧客開發。更準確來說，重點不只是開發新客戶，而是全程陪伴顧客。因為在數位化時代市場行銷部應該實施涵蓋客戶整體生命週期的全旅程整合行銷。客戶下單不是終結，而是一種開始。市場行銷變成了一個從客戶到客戶的端到端的完整運作機制。市場行銷部要貼近客戶，提供全生命週期服務。

這樣看來,市場行銷部的主要職能是不斷變化的。在工業化時代,市場行銷部的主要職能就是執行。進入數位化時代後,由於各職能部門的邊界開始變得模糊,市場行銷部的核心職能就變成了引導和協作。市場行銷部也逐漸從工業化時代的「燒錢」部門變成數位化時代的獲利部門,地位不斷提升。

這也就是為什麼越來越多的全球大企業用成長總監(CGO)取代了行銷官。在不遠的將來,曾長官還會和技術長(CTO)或數位長(CDO)的職位重疊,成為企業裡面除了總裁之外最重要的職位。

## 市場行銷部的職位設置

釐清了職能,也就決定了市場行銷部需要設立的職位。雖然具體的職位和產業╱企業規模和業務情況都有直接的關係,但是大致上來說,市場行銷部的核心職位有以下幾個:

對外的核心職位除了有數位行銷專家(包括新媒體、內容專家,搜尋引擎最佳化專家和資料分析專家),還有市場研究團隊、客戶體驗設計專家、品牌經理、宣傳及公關經理和客戶關係總監。

另外,在數位化時代,市場和銷售的邊界越來越模糊,最好把業務部與市場行銷部進行整合,由成長總監統一管

理。這時候,對內的核心職位還需要加上一個銷售總監。

對內的核心職位要有策略規劃專家、內部溝通和協作經理。如果企業的資源允許,甚至可以考慮在每個職能部門配置一個市場部專員,負責客戶洞察的收集和分發,以及加強部門之間的協作。

## 市場行銷部的能力

建構高效的市場行銷部的第二個方面——配備能力,就是要給市場行銷部配置相應的能力。

今天的市場行銷必須建立在數據導向的基礎上。傳統的市場行銷人員大多是文科和創意背景,缺乏技術能力和數據化思維。而數位化時代的市場行銷部,必須具備的第一個核心能力就是資料分析能力,另外兩個核心能力是內容能力和協作能力。

先聊聊資料分析能力。

在數位化時代,市場行銷部是一個高度依賴數據資料的部門。沒有這些數據,就沒法決策。因此,企業一定要儘早建立數位化行銷團隊。先找到合格的數位專家,再打破資料孤島,建立一個跨部門的資料庫。然後用各種數位化工具充分武裝市場行銷部。這樣就具備了初步的數位行銷能力。

內容能力是數位化時代市場行銷部必須具備的另一項核心能力。數位化時代一種主要的行銷模式就是內容行銷,也就是透過高品質的內容吸引客戶並達成轉換。現在各種新媒體行銷,包括直播,還有打造品牌 IP 等,其實都是內容行銷。

持續打造出高品質的內容並不容易。市場行銷部需要成為一個企業內部的微型媒體公司,具有內容創造和編輯能力、多媒體製作能力和設計能力等等。企業的媒體化也是一種大趨勢。像是 C 端的紅牛、Peloton,以及 B 端的艾睿電子(Arrow Electronics)等幾乎都變成了媒體公司。由此可見在數位化時代內容能力的重要性。

市場行銷部的第三個核心能力是協作能力。

前面已經講過了協作能力的重要性。市場行銷部需要的協作能力,其實包括對內和對外兩個層面。對內協作就是串聯所有的相關職能部門,例如銷售、人力、工程、技術支援、研發和服務等。對外協作就是串聯生態系統中的第三方企業,使其可以緊密合作,共同服務客戶。

具備了這三個核心能力還不夠,市場行銷部的有效運作還依賴有效的管理。

第十六講　如何建立高效的行銷部門？

## 市場行銷部的管理

對於管理的大原則,各個部門都是一樣的,例如要制定清晰的目標,建立標準化的流程,還要有合理的考核機制等。在這裡只強調三個要點:

第一,要僱用有多元背景的人。

數位化時代的市場行銷人員必須是跨領域人才,不但要懂行銷業務,而且要懂資訊科技和資料分析。也就是說,市場行銷部需要的是又廣又專的跨界人才。

首先要進行跨產業跨背景招募。其次,要對市場行銷部人員進行培養,這樣才能培養出視野廣闊的通才。

其實,合格的市場行銷人才非常稀缺,也是人才市場上爭奪的重點。對於大多數企業而言,最可行的方法是招收具有潛力的年輕人自行培養。因此,要打造完善的培訓制度,營造學習風氣,讓員工持續精進專業能力。

第二,要投資行銷自動化的工具。

數位化時代的市場行銷要依賴強大的工具和資訊科技系統。現在市面上有很多有關市場行銷的數位化工具,例如各種類型的行銷科技(MarTech),功能都很強大。企業要投資購買這些「先進武器」。

例如,美國軟體企業 Adobe 推出的 Sensei 智慧行銷系統

就有超強的功能，甚至可以取代一個小型的市場行銷團隊，而且最終的效果遠超人力團隊。

另外，市場行銷工作的複雜性導致行銷自動化和智慧化成為必然趨勢。今後的市場行銷部，雖然職能越來越重要，但是人數可能會越來越少，在人工智慧的加持下，效率反而會越來越高。

第三，要重新建構市場行銷流程。

現在的市場行銷流程都是按照工業化時代的邏輯建立起來的。在數位化時代，客戶的消費行為和購買旅程發生了重大的變化。例如，客戶在購買前透過各類資訊進行自我教育以後，通常已經完成了80%的購買旅程。

這時候，市場行銷人員不能只扮演一個內容生產者和銷售支持者的角色，還要提供獨特而全方位的價值，如精準的個人化內容和服務、解決方案的改良等，以成為一個真正的推動者。另外，客戶旅程也不再是簡單而線性的，而是有很多的前後反覆，隨機性很強。而且，客戶在旅程的每個階段，也有了更多的接觸點和需求。

這樣的話，為了替客戶提供更好的服務，市場行銷部應該按照客戶旅程來建構市場行銷的管理流程，以及和銷售的合作流程，全面掌握顧客生命週期與接觸情境，全程與業務團隊協作推動。

## 第十六講　如何建立高效的行銷部門？

### 市場行銷有效運作的基礎

當然，確保市場行銷部的有效運作，關鍵還是要靠企業文化，就是真正「以客戶為中心」。有了這樣的企業文化，市場行銷部就是企業最重要的策略部門。沒有這樣的企業文化，市場行銷部就只是一個次要部門，根本無法發揮促進業務成長的核心職能。也就是說，一個企業必須轉型為「市場行銷型」組織或者「客戶導向」的組織，討論如何建立有效的市場行銷部才真正有意義。

這種企業文化最好的展現，就是給予市場行銷部足夠的人力和授權。

所謂人力配給，就是要為市場行銷部配備企業裡面最能幹的人才，要讓市場行銷部成為企業裡面裝備最好、能力最強的「特種部隊」。既然市場行銷部最貼近客戶，也最了解客戶，那麼就要充分授權，這樣才能真正發揮市場行銷部的作用。

其實，要想讓市場行銷真正有效運作，那它就不應該是一個有形的部門，而是植入每位員工大腦中的一個微型市場部。這個微型市場部時刻提醒員工把一切行為都瞄準客戶。這樣整個組織就變成了一個巨大的市場行銷部，就像亞馬遜那樣。到了這個時候，市場行銷部儘管無形，但無處不在。這才是市場行銷部管理的最高境界。

# 第十七講
# 如何評估市場行銷的成效？

　　市場行銷開銷對於任何企業而言都是一大筆費用。在快速消費品產業，這筆投入可以占到總預算的四分之一。就是B端企業，平均市場行銷費用也高達總收入的13%。華爾街的一份研究報告顯示，技術類企業在市場行銷上的開銷最高，約占總收入的14%。

　　例如，微軟的市場行銷費用是總收入的16%，而蘋果的市場行銷費用雖然只占淨銷售收入的6%，但比占比達到3%的研發費用高了一倍。2020年，蘋果僅在搜尋引擎廣告上就花費了6,500萬美元，同時蘋果還預計在近期投入超過5億美元，來推廣蘋果電視串流媒體服務。2021年，全球廣告花費更是破了紀錄，高達6,500億美元。

## 第十七講　如何評估市場行銷的成效？

### 市場行銷效果評估的難題

企業對市場行銷投入這麼大，自然想知道自己的投入是否有效。然而，評估市場行銷的效果一直是一個難題，在工業化時代尤其如此。主要原因是沒有可信度高的模型和完整可靠的數據來支持驗證行銷效果。

例如，一個企業的市場行銷部開展了一項推廣活動，有廣告、促銷，還有公關。活動過後，產品銷量的確有增加。但因為影響銷量的因素非常多，而且收集所有相關的資料，不但麻煩，成本也很高。

企業並沒有一個可信度高的模型和足夠的數據來證明銷量的變化和這些市場行銷活動有直接的關係。就算行銷投入和銷售成長有關係，企業也沒法知道每項投入對銷售成長的具體影響程度。沒有這個洞察，自然也無法繼續改善市場行銷費用的支出和分配。

在這種情況下，大多數企業只好採用一些定性的方法，比如利用樣本數有限的市場調查，去評估品牌的知名度、客戶偏好度和客戶購買意願等軟性指標，然後看看市場行銷的投入對這些指標有沒有提升作用。

用這些方法相對容易，也可以獲得部分需要的資訊，但弊病在於，這些軟性指標和產品銷售很可能沒有直接的關係。也就是說，客戶雖然對一個產品表現出很高的偏好度，

但是他們最後不一定購買這個產品。因此,這些指標的數值可能很高,但產品最終的銷量就是上不來。

這就是為什麼超過70%的企業對評估行銷效果的方式都不滿意,還有高達20%的企業根本不做任何評估。評估是市場行銷管理最佳化的先決條件。只有進行客觀準確的評估,企業才會知道市場行銷的投入哪些有效、哪些無效,而且會了解為什麼會如此。這樣的話,企業才可以進一步使自己的市場行銷策略最佳化,從而進行精準投放,把市場行銷資金投入在最具有效果的地方。因此,正確評估市場行銷的效果很重要。

## 評估市場行銷效果的兩個障礙

進入數位化時代以來,企業可以收集大量以前無法擁有的資料,同時也有了更多的分析模型和評估工具可用,但是,還有兩個主要問題阻礙了企業進行有效的行銷效果的評估。

第一,缺乏正確的觀念。

很多企業把市場行銷部視為一個負責品牌推廣、行銷活動、公關和新媒體的戰術部門。因此,企業對市場行銷效果的評估著重在提升品牌的曝光度與搜尋熱度上。這就是為什麼數位化行銷在過去十年發展很快,也造成了大量以龐大資

## 第十七講　如何評估市場行銷的成效？

料為基礎的評估工具的問世，但是企業仍然把媒體覆蓋率和社群媒體貼文的熱門程度這種短期效益作為評估的主流考量。

事實上，自從進入「客戶導向」的數位化時代以來，市場行銷部的職能發生了重大的變化。市場行銷部從以前專注於傳播和宣傳功能的戰術部門，逐漸成了引導企業總體策略和其他職能部門的策略決策部門。市場行銷部實際上開始全面負責企業的核心任務：持續而健康的業績成長。

因此，對市場行銷效果的根本評估，就是看它是否顯著促進了銷售的成長，簡單地說，就是看它所帶來的短、中、長期的利潤，驅使企業的全面成長才是市場行銷部最重要的職責和所有市場行銷費用投入的最終效果，也是這個部門的KPI（關鍵績效指標）。這也就是為什麼近年來一些知名的全球性企業，像金百利克拉克（Kimberly-Clark）、高露潔和億滋（Mondelez）等，用成長總監（CGO）替代了行銷長（CMO）。

市場行銷的行為自然不能只是短期的行銷活動，還得是長期的價值創造行為，如產品研發和通路數位化變革等。如果在數位化時代仍把市場行銷作為一個戰術部門來看待，沒有把客戶需求作為引導企業一切行為的原動力，那麼無論怎樣對市場行銷的效果進行評估，無論這個部門如何有效地實現，甚至超越了它所既定的KPI，對企業大局影響都不大。

因此，正確的觀念最重要：企業要非常清楚市場行銷部的職能，才能確定市場行銷投入的預期效果。在這個基礎

上，才能選擇合適的評估指標和方法。觀念如果不對，有再多的數據和模型也沒有用。

第二，缺乏合理和完整的評估體系。

有些企業就算具備了正確的觀念，若沒有一套合理的評估體系，仍然無法對市場行銷效果進行有效的評估。

一般而言，效果評估體系至少包括四個部分：一是評估流程，二是評估模型，三是評估資料，四是評估工具（見圖 17-1）。評估流程表述評估需要經歷的必要步驟，確保評估過程的專業化和穩定性。評估模型全面描述市場行銷各個行為和企業成長的因果關係。評估資料是進行量化客觀評估的基礎，即收集清晰和客觀的數據。評估工具則提供進行有效評估的手段，例如多點歸因（multi-touch attribution）、市場組合模型（marketing mix modeling），以及其他相關的統計和數學工具。雖然這些方法也叫模型，但本質上是分析工具。

建構一套完整的評估體系才能對市場行銷效果進行客觀合理的評估。

一個企業應該如何評估市場行銷效果？

首先，要樹立正確的觀念，從長期和整體的視角定義市場行銷部的職能。例如，市場行銷部除了負責品牌建設、傳播和推廣等傳統職能之外，還應該涉及產品研發、客戶體驗設計、客戶關係、客戶旅程管理、客服和銷售等面向客戶的所有職

## 第十七講 如何評估市場行銷的成效？

能。否則,市場行銷部是無法實現引領業績成長這一核心目標的。這些行為有的是短期(如推廣),有的是中期(如傳播),有的是長期(如研發和客戶關係),它們分別對應市場行銷的短期、中期和長期效果。這些效果都要進行評估,才能從全面的視角整體評估和改良一個企業的市場行銷行為。

在此基礎上,企業需要逐步建構出一套完整的評估體系。

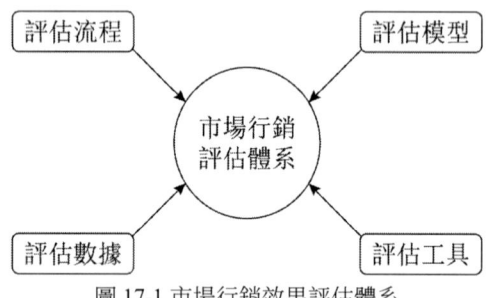

圖 17-1 市場行銷效果評估體系

## 市場行銷效果的評估流程

先從評估流程談起。評估流程大致有五步:

第一,確立商業和市場行銷目標。

企業的商業目標是實現業績的永續性成長。為了確保達到這個目標,市場行銷部要以此來制定自身的短期、中期和長期的目標。在企業不同的發展階段,市場行銷部的目標也

有不同,比如提升品牌知名度、促進轉換和互動、維持忠誠度,等等。在這些目標下面,可能還需要若干小目標來支撐。

例如,為了實現「提升品牌知名度」這個目標,可能就需要增加網站和 App 流量、擴大粉絲數目、加強粉絲的參與和傳播、提升媒體和通路的覆蓋度、與知名網紅或部落客等若干小目標。只有根據企業目標明確了市場行銷的具體目標,才知道應該採用哪些評估指標和工具來估算市場行銷投入的效果。例如,「加強粉絲參與和傳播」這個小目標的評估指標可以是「留言數」和「轉發分享數目」等。

好的行銷目標必須具備以下特點:簡潔明瞭,和企業目標直接相關,可行性高,可以量化,具有時效性(如一個月、一個季度或一年)。

第二,確定合適的效果指標。

市場行銷有短期、中期和長期三種目標,評估行銷效果的時候要選用相對應的指標。評估短期效果,有觸及率、點選率、曝光度、頁面停留時長、跳出率、潛在客戶生成(lead generation)和短期銷量等;評估中期效果,有客戶留存率、淨推薦值(net promoter score)、回購率和中期銷量等;評估長期效果,有客戶終身價值(CLV,customer lifetime value)、品牌溢價、投資報酬率(ROI)、長期銷量和收入等。

一般的原則是要選擇與市場行銷目標相符合,具有產業

## 第十七講 如何評估市場行銷的成效？

通用性以及產業基準作為參考的指標來評估效果。

第三，對效果指標進行預估並設定「及格值」。

評估指標選擇好了以後，就要為這些指標定下「基準值」，也就是判定市場行銷效果是否「及格」的最低值。最低值既可以是企業過去的表現，也可以是產業內同類企業的平均值，還可以參照產業的平均值或者企業的最低值。當然，企業也可以設定一個效果「良好」和「優秀」的數值，作為判定的基礎。

第四，進行即時或定期的監測和改進。

效果評估體系其實就是衡量企業與部門表現的風向球。一旦效果評估開始，就要按照既定目標進行即時或定期的追蹤監測。這樣就可以在市場行銷策略實施的過程中及時發現異常情況，並加以處理，將問題儘早加以解決。如果等到市場行銷行為結束後再評估，發現了問題也為時已晚。

第五，最終效果分析和總結。

效果評估的最終目的是策略最佳化。評估期結束以後，要對市場行銷行為進行效果分析和總結。這就是很多企業都會做的專案檢討。專案檢討是一個非常重要的環節，不但可以幫助企業累積寶貴的經驗，進一步改良企業的市場行銷策略，而且可以為員工提供一個極好的學習機會。

## 市場行銷效果的評估模型

評估體系的第二個核心組成部分是「評估模型」。

所謂「模型」，就是描述現象後面各個變數因果關係的邏輯框架，也就是說明哪些因素或企業行為影響最終期待的結果。

例如，市場行銷的最終結果是企業業績，一般用銷量、收入、利潤率、成長率或市場占有率等來評估。那麼，推動銷量的市場行銷行為，一般是習慣所說的市場行銷組合（marketing mix）或者「4P」，也就是產品、推廣、通路和價格。在數位化時代，工業化時代的「4P」概念顯然不夠用，還要引入客戶體驗和社群連結等新要素，才能準確掌握行銷效果背後的核心推動力。

市場行銷效果的「評估模型」，就要說明這些市場行銷行為和最終業績的因果關係。例如，新媒體的投入是「銷量」這個結果的關鍵因素。新媒體包括部落格、通訊軟體、社群平臺和短影音等。「評估模型」需要說明這些不同形式的新媒體投放是如何影響客戶行為的，從而影響產品的銷量和利潤。

例如，一種可能的影響路徑是：粉專文章和推薦獲得更多潛在客戶的注意，這種注意引導客戶進入品牌社群，在品牌社群的互動導致他們對產品產生興趣，這個興趣會讓他們進入電商平臺去了解產品本身，在閱讀完使用者評論後下單

## 第十七講　如何評估市場行銷的成效？

購買產品，使用後可能回購，多次回購後可能開始推薦，最終成為品牌的忠實顧客，長期為品牌貢獻銷量和利潤。

有了這樣的模型，就可以對市場行銷效果進行從小到大的完整分析。也就是說，可以精細地考察市場行銷行為將客戶從「注意」階段轉到「興趣」階段的轉換效果，還可以考察從市場行銷前端投入到後端產出的總體效果。這樣不但可以客觀準確地評估出市場行銷的總體效果，而且能對市場行銷的全流程進行全面改良。

當然，市場行銷推動銷售的機制不只是透過資訊對客戶的觸及，更取決於產品和客戶整體體驗的品質。市場行銷對最終業績的效果還應該透過它對產品研發和客戶體驗設計等方面的引導來實現。市場行銷這種對企業內部職能的正面引導作用才是推動長期業績的真正因素，自然也要放入效果評估模型中。

例如，在評估市場行銷效果時，可以逐步引入新品開發數量、新品成功率、客戶體驗的無痛率、客戶關係強度和品牌情感度等指標。但到目前為止，還沒有企業做這個工作。只有把這些指標也放入市場行銷效果的評估模型，這個模型才算完整，才能全面評估市場行銷的總體效果。

這一點對於 B 端企業尤其重要，因為在 B 端市場，企業最後的銷量和收入往往是面向客戶的各個職能部門整體努力

的結果,很難把單一的市場行銷行動和收入掛鉤。只有從整體的層面評估市場行銷行為的效果,才能真實地反映出市場行銷行為對推動業績做出的真正貢獻。

這樣看來,「評估模型」是一個極其重要又相當複雜的工程。「評估模型」是市場行銷效果評估模型的核心。有了這個模型,企業才能在評估後做進一步的改良。這才是評估的真正目的。其實,評估模型的品質才能反映出企業之間評估水準的真正差別。對於數位化時代的企業而言,這將是進行市場行銷管理的基本能力。

## 市場行銷效果的評估數據和工具

評估體系的第三個重點是「評估數據」。建構數據的關鍵是要形成具有一定深度和廣度的行銷數據體系,也就是圍繞目標客戶形成涵蓋行銷全過程(例如從曝光、點選、互動到購買)的完整數據鏈,從而找出「行銷活動」與「消費者購買」之間的連結來。這樣才可以進行全通路全流程的效果評估,最終實現市場預算在使用者不同階段和不同通路的最佳配置。

最後,「評估工具」的選擇也很重要。一般而言,行銷組合模型採用整體層面的彙總數據,更適合於傳統管道的行銷評估,而行銷歸因模型基於即時獲取的個人層面數據,因此

## 第十七講　如何評估市場行銷的成效？

更適用於數位行銷效果的評估。當然，現在絕大多數的企業採用了實體與線上的整合模式。因此，最佳的方法是整合行銷組合模型和歸因模型，形成「組合歸因模型」（holistic attribution model）。從目前來看，能夠做到這點的公司非常少見。

目前市場行銷效果的評估仍然處於早期的發展階段。在技術創新的推動下，這項工作時刻都在變化中。但一個不變的事實是，進入數位化時代以後，這項工作正變得越來越重要。

# 第十八講
# 中小企業如何做市場行銷？

　　前文講述了市場行銷中最重要的模組，例如策略規劃、需求分析、使用者體驗、購買決策、品牌管理和效果監測等。從這講開始，探討這些核心內容在三個具體情境中的應用，即中小企業、B端企業和出海企業。這三類企業的市場行銷具有很強的特性，因此就每個專題分別進行討論。

　　先說中小企業應該如何做市場行銷。

## 第十八講　中小企業如何做市場行銷？

# 中小企業市場行銷五原則

中小企業做好市場行銷不容易。中小企業沒有太多的資金，更沒有品牌效應，還時刻面臨生存危機。在這種情況下，要想在大企業的夾縫中闖出一片天地，中小企業在做市場行銷時就必須高度聚焦，而且講求巧勁，同時不按常理出牌，還要敢冒風險，所謂「富貴險中求」。中小企業如果還想穩紮穩打，很難有出頭之日。

數位化時代給了中小企業一個彎道超車的機會，就是利用數位化手段，改變遊戲規則，從而達到突破。在迅速崛起的優步、Airbnb 和 SHEIN 就是這種打法。從目前來看，這其實是中小企業做市場行銷最重要的策略方向。

簡單來說，中小企業做市場行銷大致有五個原則：第一，策略聚焦；第二，借力使力；第三，出奇制勝；第四，避實擊虛；第五，數位強化（見圖 18-1）。如果中小企業能夠遵循這五個原則，就會在競爭激烈的市場上快速突圍。

圖 18-1 中小企業市場行銷的五星模型

## 策略聚焦原則

對於中小企業而言，實施「策略聚焦」的必要性顯而易見。原本人力和財力就很有限，必須把好鋼用在刀刃上。從市場行銷的角度來看，就是要聚焦一條賽道。這樣才能快速實現突破。

## 借力使力原則

「借力使力」是說中小企業「要團結一切可以團結的力量」，藉助外力來突破市場。一般而言，借力使力有四種常見的方法：定位借力、聯名借力、粉絲借力和達人借力。

「定位借力」就是在品牌宣傳時借用大型企業的品牌效應。例如串流媒體網飛在剛剛出道時，就把自己稱為「串流媒體產業的蘋果」。最經典的還是艾維士（Avis）當年宣揚「我們只是第二名，所以要更努力」，巧妙地借用了產業龍頭赫茲的品牌知名度。

「聯名借力」就更為常見。例如，手機品牌和德國徠卡的合作，就顯著地提升了品牌形象。

「粉絲借力」也是中小企業常用的方法，就是發動群眾力量，透過口碑來贏得廣大群眾的支持。

## 第十八講　中小企業如何做市場行銷？

當然，如果有資源，也可以實施「KOC 借力」。所謂「KOC」，就是「關鍵意見消費者」。他們數量多，推廣費用相對比較低。例如現在很多美妝產品會找業內的 KOC 去做推薦。而且，如果 KOC 真心認同你的產品和品牌，還會自願推廣。現在很多美妝產品都會用這種方法，透過產業裡的 KOC 去打開市場。

全球知名瑜伽品牌 lululemon 在創立之初，就依賴瑜伽健身 KOC 在各自開設的瑜伽班上做產品推廣，由此慢慢打開了局面。現在風靡美國的家居健身腳踏車品牌派樂騰（Peloton），也是靠自己培養的一批具有明星氣質的健身教練，累積了大批客戶。當然，對客戶影響最大的「KOC」恐怕是他們的朋友。因此，利用社交網路進行病毒式傳播與吸引新客也是中小企業常用的手段。

## 出奇制勝原則

當然，借力使力是大家耳熟能詳的做法。單靠借力使力肯定是不夠的。中小企業還需要「出奇制勝」，也就是進行行銷創新。這是考驗中小企業市場行銷水準的關鍵領域。對於中小企業而言，可以從下面幾個方向考慮進行行銷創新。這幾個方向分別對應市場行銷中的吸引顧客、強化互動和促成轉換三個關鍵階段。

第一，宣傳手段創新。

這項工作對應「吸引顧客」。

在宣傳模式上進行創新的可能性很多，也最容易運作。例如，全球知名的手錶品牌 SWATCH，在剛剛創立的時候，就啟動了一個很前衛的行銷創新。主流行銷方法聚焦在傳統的媒體宣傳上，SWATCH 卻率先贊助了年輕人積極參與的音樂節和藝術活動，很快就獲得了年輕人的追捧。

知名的能量飲料品牌紅牛，則是透過一些高風險、刺激的極限運動來宣傳自己。這些極限運動都非常新奇，很吸引人。為了強化宣傳效果，紅牛還創立了自己的媒體公司。如此一來，紅牛很快成為家喻戶曉的全球品牌。

在數位化時代，有了所謂的社群平臺，這樣的創新就更多了。目前流行的「直播賣貨」和短影音行銷都是宣傳方式的創新。在這個時代，產品、通路和宣傳媒介逐漸融為一體。

第二，前線服務創新。

這項工作也對應「吸引顧客」。

中小企業可以「先服務後行銷」，以此吸引客戶並建立互信的關係。例如，美國的醫療企業 CareMore 專門設立了為糖尿病患者治療小創傷的處理中心。這個處理中心不以營利為目的，只是為了幫助患者解決痛點，從而獲得了大量的客流。

## 第十八講　中小企業如何做市場行銷？

在數位化時代，中小企業可以透過較低的成本來提供前線的顧客服務。例如，企業可以透過向客戶提供高品質的內容協助客戶解決實際問題。這種具有支持功能的「內容行銷」，本身就是一種免費的第一線服務。美國數位行銷龍頭企業 HubSpot，在創立初期就是透過這種方法迅速拓展了局面。

第三，互動模式創新。

這項工作對應「互動」，是客戶體驗設計的環節之一。

在工業化時代，企業和客戶的互動非常有限，中小企業更是沒有精力和資源投放在這方面。進入數位化時代後，透過數位化平臺和工具，中小企業便可以和客戶建立直接的互動介面，進行即時互動。

另外，應用軟體也是企業和客戶進行互動的重要介面。但其開發成本較高，技術上也較為困難，可能對一部分中小企業並不適合。今後隨著物聯網、虛擬實境和通訊技術的進一步發展，商業社會將進入萬物皆媒體和管道的時代，更多的介面會成為企業和客戶進行互動的平臺。在互動模式上一定會有更多的創新。

第四，通路觸及創新。

這項工作對應「轉換」。

中小企業對主流通路的影響力很弱，需要另闢蹊徑進行通路模式的創新。例如，當年名不見經傳的戴爾電腦，就

是透過電話直銷的方式打開了市場。瑞士的大眾手錶品牌 SWATCH 也是如此，在創立初期 SWATCH 推出了快閃店的模式，直達年輕人這個核心客戶群體。

在數位化時代許多新創品牌都是靠電商通路觸及大批顧客。隨著萬物互聯和元宇宙時代的到來，中小企業會有更多觸及客戶的新通路和新方式。

近幾年很熱門的「直播賣貨」就是一種重要的通路創新。這種模式把通路、宣傳和互動完全融為一體，讓客戶的整個消費連結匯聚為一點，因此具有強大的客戶影響力。「直播賣貨」將成為數位化時代的主要商業形態。

## 避實擊虛原則

「避實擊虛」就是避免和大企業搶奪客戶，而要開拓新市場或者進入「藍海」，也就是創造出新客戶。在很多情況下，這意味著企業需要進行「商品類別創新」。前面已經講過商品類別創新的方法。在這裡只需要強調三點：

第一，市場行銷的核心不是傳播，而是確保企業創造並交付可以滿足客戶需求的優質價值。這個優質價值的載體就是產品。因此，市場行銷最終要回歸到產品上。產品才是最好的市場行銷工具。一個企業如果有強大的產品，那麼獲

## 第十八講　中小企業如何做市場行銷？

客、轉換和留存就都不是什麼問題了。

對於中小企業更是如此。1998 年 Google 剛出道的時候，雅虎已經在市場上稱霸了四年之久。但 Google 的產品遠超雅虎，Google 根本沒做什麼推廣，就依靠著使用者自發的口碑而迅速崛起。這樣看來，中小企業做好市場行銷的真正祕訣，就是開發出一款超乎預期的極致產品。用伊隆·馬斯克和彼得·泰爾的話來說，就是要在核心效能上比競爭對手好十倍。

第二，商品類別創新絕不是大企業的專利，對於中小企業而言，這種創新具有很高的可行性。其實，由於企業文化和管理流程的限制，大部分大企業反而不擅長商品類別創新。

這就是為什麼近年來很多新品牌靠著打造新商品類別而達成了突破。但是，至少在快速消費品領域，真正具有競爭門檻的商品類別創新並不多。中小企業要想真正崛起，只有走技術路線，打造出貨真價實的商品類別創新，僅靠概念創新來打造新商品類別是無法長久的。

第三，數位化是中小企業崛起的契機。依託數位化能力，中小企業可以創造出新商品類別、新體驗和新服務，從而開拓新市場，並不斷擴大新市場的規模，最終超越和替代大企業。要強調的是，這不能只是傳播和內容層面的淺層數位化，而是價值創造和交付以及商業模式層面的深層數位化。

例如，全球客戶關係管理系統的龍頭企業賽富時（Salesforce），在 1990 年代後期創立時，軟體產業仍然是工業化時

代的做法,要求客戶購買磁碟下載軟體,然後定期升級,過程非常麻煩,而且成本很高,耗時耗力,客戶的痛點極多。賽富時作為一個新創企業,推出了一個真正的商品類別創新,即基於「軟體即服務」(SaaS)的客戶關係管理系統。這代表一種嶄新的顧客價值和商業模式。客戶無須購買並安裝及維護軟體,完全在雲端上運作,並交付月租費用,真正實現了按需求使用和深度客製。這個新商品類別代表了一種嶄新的顧客價值和商業模式,也具有很高的競爭門檻,確保了賽富時在自己開創的新市場裡持續占據著領袖地位。

## 數位強化原則

這樣看來,中小企業實現突破的最大機遇,就是當今風起雲湧的數位化革命。透過「數位強化」為自己插上一飛衝天的雙翼,就應該是每個想成功的中小企業全力擁抱的策略方向。只有實現了深度數位化,中小企業才能進行研發數位化、傳播數位化、供應鏈數位化、通路數位化和市場行銷數位化。具備這種深度數位化能力的中小企業,也就徹底完成了脫胎換骨。中小企業雖然規模小,仍能夠對同行的大企業實施降維打擊。數位化之路當然充滿艱辛,且困難重重。但在這個時代,這是中小企業能夠有效實施市場行銷的最佳手段。

# 第十八講　中小企業如何做市場行銷？

# 第十九講
# B 端企業如何推動市場行銷？

　　B 端企業的市場行銷和 C 端企業的市場行銷很不一樣。主要是因為這兩個市場的客戶差異很大。B 端的客戶採購頻率低，購買產品後也不會輕易更換，所以做決策的時間長，也比較謹慎，很難像 C 端客戶一樣，聽到了某某網紅的推薦或看到了短影音，就衝動購買。

　　更重要的是，B 端客戶購買的動機是提升企業效率和業績，主要關注的是產品的可靠性和安全性。而 C 端客戶的很多購買行為完全是為了滿足情感和娛樂需求，只要讓自己感受好就會買，而且買完了也說換就換。

# 第十九講　B 端企業如何推動市場行銷？

## B 端的市場行銷難度更高

與 C 端企業相比，B 端企業的市場行銷其實更難。首先產品本身就比較複雜，給客戶把核心價值講得既清楚又具有說服力已經很不容易。而且，客戶不只是聽陳述，還要看產品展示，進行多方了解，往往還需要實地考察，甚至還要試用。要讓所有相關決策人反覆了解、評估產品，最後都挑不出毛病。這個過程可能很長，甚至會花上一到兩年的時間。在這個漫長的行銷過程中，任何一個環節出現問題都可能功虧一簣。

而且，與 C 端企業相比，B 端企業對市場行銷的銷售轉換率要求更高，更注重效果。因此，B 端企業市場行銷部有更加清晰的績效指標，如潛在客戶的生成（lead generation）和潛在客戶品質（lead quality）等。同時，B 端企業市場行銷部的壓力也更大。

B 端企業如何進行有效的市場行銷工作呢？

## B 端市場行銷的三個基本要求

為了實施有效的市場行銷，企業要具備三個前提條件。

第一，產品要有足夠競爭力。

其實 B 端市場行銷的一個最大障礙，就是產品本身不成熟。在 B 端市場上最有價值的資產就是「信任」。客戶信任來自企業自身的真功夫。產品沒有實力，市場行銷人員說得再好也沒用。在這種情況下，市場行銷做得越成功，企業垮得就越快。正如 DDB 廣告公司創始人威廉‧伯恩巴克（William Bernbach）所說：「殺死一個劣質產品的最佳方式，就是幫它做一支超強的廣告。」（The best way to kill a bad product is a great ad.）

更重要的是，信任一旦喪失了就很難再找回來。如果一個企業的產品還沒有成熟，市場行銷的力度不宜太大，不然賣得越多，傷害的客戶就越多。因此，產品的穩定性、安全性和可靠性極其重要。

在 C 端市場，產品競爭力不夠，但會講故事，企業也能做得風生水起。但在 B 端市場，產品不行就什麼也不行。正如美國著名創業孵化器 YC（Y Combinator）的聯合創始人傑西卡‧利文斯頓（Jessica Livingston）所說：「如果人們不喜歡你的產品，你所做的任何其他事情都無關緊要。」

因此，美國「軟體即服務」（SaaS）產業的領導企業賽富時（Salesforce）的企業口號就是「信任是我們的首要價值觀」（trust is our No.1 value）。因為如果 B 端企業的產品出現了問題，會給客戶以及企業自身帶來巨大的損失。因此，賽富時遵循了非常穩健的產品策略。如果賽富時的軟體工程師花了 100 個小時寫程式碼，其中 70 個小時都是在測試產品有沒有漏洞。

## 第十九講　B端企業如何推動市場行銷？

產品具有競爭力，自然就會形成「口碑」和「指標客戶」。在B端市場，口碑和指標客戶對開拓客源和轉換最重要。它們就是客戶信任的來源。一旦有了信任，市場行銷工作也就會水到渠成。

第二，建好專業化的市場行銷團隊。

B端企業的業務專業性高，要比C端企業複雜很多。市場行銷團隊不僅需要具備基本的市場行銷能力，還要了解業務和技術，否則很難在和客戶的互動中獲得客戶的信任。

另外，B端企業行銷人員需要面對的客戶是一個決策群體，包括總經理、財務、營運和技術等不同背景的人員。他們各自的訴求不同。有效說服這樣一個群體的難度就很大。就這就對行銷團隊的能力提出了更高的要求。

首先要非常清楚地了解客戶的業務訴求和個人訴求。然後，因人而異地制定溝通和說服策略。例如不僅能夠從不同的角度展現產品的獨特價值，還能夠觸動客戶的痛點。因此，B端市場行銷人員需要具有更高的綜合能力，不但要有高情商，還要有高智商。同時，B端市場行銷人員還要具備靈活應變的能力。只有建立一個實力堅強的專業團隊，才能有效地完成這些行銷工作。

第三，樹立「以客戶為中心」的企業文化。

B端市場的特點（例如客戶數目較少、需求差異大和決

策週期長等）決定了 B 端企業應以客戶為中心。在現階段，真正以客戶為中心的 B 端企業仍然是少數。企業如果缺乏這種客戶導向的文化，就會顯著降低市場行銷的有效性。

和 C 端企業不同，B 端市場行銷的實施高度依賴跨部門的合作。

B 端客戶的整體決策鏈很長，所以行銷週期也很長。而且，在不同的階段，B 端客戶都有不同的需求，比如獲取資訊、體驗產品、定義需求和規劃付款等。滿足不同的需求，就需要銷售方企業不同職能部門的參與，而市場行銷部承擔的只是整個行銷過程中的某些環節，根本無法完成所有面對客戶的工作。也就是說，在 B 端市場，有效的市場行銷必須是「全員行銷」。

可以看出，只有部門之間進行深度的合作，才能帶給客戶高品質的無縫體驗。但「部門隔閡」是客戶體驗的剋星。降低「部門隔閡」的最好方法，就是樹立真正以客戶為中心的企業文化，這才是確保市場行銷有效實施的關鍵。進入「客戶導向」的數位化時代以後，這一點就尤其重要。

### 第十九講　B端企業如何推動市場行銷？

## B端市場行銷的三要點

具備了以上三個基本條件後，B端企業做市場行銷需要著重在以下三個方面。

第一，精準定位。

對於B端企業，精準定位有兩個方面的含義：

一是產品或價值定位的精準，即產品的核心價值一定要清晰並獨特。

二是市場定位的精準，即要找到「核心客戶群」，形成「產品－市場的契合度」（PMF，product-market fit）。這樣的客戶最渴望產品的獨特價值，轉換率和留存率會很高，可以幫助企業實現穩定的成長。但是，找到他們其實並不容易。

第二，數位行銷。

B端市場行銷的關鍵，是弄好兩個「連結」。第一個連結是行銷連結，就是圍繞客戶的認知、興趣、搜尋、行動和推薦，對客戶進行完整的「全旅程整合行銷」。當然，客戶企業在不同階段會有不同背景的參與者，全旅程整合行銷要針對客戶團隊的每位成員。

第二個連結是交付連結，就是供貨企業按照客戶的消費旅程，整合不同部門，在各個接觸點配合客戶需求，向他們交付高品質的、完整的無縫體驗。這就是B端企業必須要實

施的「全組織交付」。

這兩個連結的有效運作都需要數位化的工具和平臺。對於 B 端企業而言，數位行銷是市場行銷能否成功的關鍵。和 C 端不同的是，B 端企業的數位行銷要遠遠超出數位媒體廣告、搜尋引擎最佳化和行銷信件等傳播層面的運作。

第三，內容行銷。

內容行銷已成為 B 端企業主流的拓展客源的方式。研究顯示，在北美，88％的企業都認為內容行銷很重要，而且會分配 29％的市場預算，甚至有 15％的企業會把 50％以上的市場預算都花費在內容行銷上。

## 內容行銷的四要點

關於內容行銷的文章很多，這裡就強調幾個要點。

第一，一定要以客戶為中心，不要用內容去進行自吹自擂的企業宣傳，而要透過對客戶需求和痛點的深刻洞察，真心為客戶提供有價值的內容，幫助解決問題，如產業洞察、操作指南和客戶案例等。

第二，內容一定要有深度。只是提供產業經驗、實戰策略等細碎的內容已經不行了。最好按照主題把內容整理成電子書，為客戶提供系統化的支持，協助他們全方位提升，激

## 第十九講　B端企業如何推動市場行銷？

發新的思考方向，提升客戶的管理能力。

另外，內容也要有廣度。除了資訊類內容，還需要提供工具類內容，例如ROI試算器、需求建議書模板（RFP, request for proposal）和績效評分器等。美國知名數位行銷企業HubSpot就向潛在客戶提供了若干免費的軟體工具，例如網頁行銷效率評分器（website grader）和市場行銷效率評分器（marketing grader）等，幫助客戶解決了很多具體的問題。

同時，輸出的內容也要有溫度，能夠觸動客戶的內心。這樣，潛在客戶就會下載而留下銷售線索，也更容易被轉換。透過有深度、廣度和溫度的高品質內容，企業可以有效地塑造自身的產業權威地位，從而帶來更強的客戶信任。

第三，內容要和客戶生命週期精準搭配。

內容行銷不只是提供內容，還需要和客戶建立持續的互動機制，這樣就可以更加了解客戶所處的生命週期階段和相應的需求，從而把內容和客戶所在的不同階段進行精準的連結，進行個人化推送，這樣才可以實現最終的轉換。

例如，潛在客戶在「認知階段」主要需要產品和企業的基本資訊，到了「考慮階段」，就要提供產業解決方案的介紹。在「偏好階段」，客戶需要產品展示的數據，以及ROI試算工具等。最後還要設置轉換機制，引導客戶進行購買。

第四，設立專門的內容團隊。

打造高品質的內容相當不容易，企業需要建構一個專業團隊來做這項工作。現在的工作內容不但專業性要高，而且要內容多元化，如文字、影片、音訊、圖像和軟體工具等。甚至 B 端企業也要考慮直播。隨著 5G、虛擬實境等技術的發展，今後承載內容的平臺會更加豐富。在虛擬實境或者元宇宙中，讓客戶身歷其境的體驗產品並非一個遙遠的夢想。因此，內容團隊不但是一個創意團隊，還是一個技術團隊。

內容行銷的最高境界就是打造出一個獨立的媒體企業。在 C 端市場，這樣的例子很多，例如樂高和紅牛。尤其是紅牛，除了生產功能飲料之外，還成功打造出一個獨立盈利的媒體帝國：紅牛媒體工作室（Red Bull Media House）。這個媒體集團有上千名員工，擁有圍繞極限運動的大量原創內容，涵蓋雜誌、極限運動賽事、電視劇、紀錄片、賽事轉播、音樂製作等。透過和媒體公司完全一樣的商業模式，紅牛媒體工作室為紅牛帶來了豐厚的收入。

在 B 端市場，全球最大的電子元件和企業運算解決方案服務商艾睿電子是一個典範。該企業從 2014 年開始，透過收購網站和媒體，打造出電氣工程師最值得信賴的資源庫 AspenCore，提供大量高品質的內容，如電子書、Podcast 和網路研討會等。目前，艾睿電子已經成為電子領域最大的媒體公司，在全球擁有上億的讀者，並能夠獨立盈利。

## 第十九講　B端企業如何推動市場行銷？

　　這種基於內容行銷的媒體公司不僅能夠帶動產品銷量，還能盈利。更重要的是，媒體公司在和客戶的頻繁互動中，能夠深刻洞察客戶需求和產業趨勢，從而促進企業的產品創新。不但如此，媒體公司還扮演了「意見領袖」的角色，深刻地影響著整個產業的發展。

　　最後還需要說的是，儘管B端和C端市場有很多差異，但最後的決策者和使用者都是有血有肉的人。在市場行銷方面，B端企業需要向C端企業學習如何打造品牌，建立客戶社群，設計和交付客戶體驗等。其實，B端和C端企業的區別和界限正逐漸減小。今後的大趨勢一定是B端和C端的完全融合。

# 第二十講
「出海」企業如何做市場行銷?

## 第二十講 「出海」企業如何做市場行銷？

### 「出海」企業面臨的兩大障礙

在回答這個問題之前，先要了解一下企業「出海」普遍會面臨的兩個主要障礙。

第一，文化差異。

企業走向全球市場，首先要面對的是文化挑戰。淺層的文化挑戰可能是語言不通。在向外拓展的初期，對很多企業而言，用外文寫好產品說明書都不是一件很容易的事。

對於網路產品而言，語言方面的挑戰就更多了。比如，把應用軟體裡面的中文精準地翻譯成不同國家的語言，是一件非常困難的事。因為不同的語言對同一件事的表達方式很可能不一樣，也就沒辦法簡單直譯。

當然，深層的文化挑戰遠遠超越了語言的層面。海外市場的使用者偏好、行為特徵、消費習慣、社會慣例和宗教習俗等，都和我們有很大的不同。這些差異都可能成為企業走出去的障礙。

第二，政策差異。

對於拓展海外市場的企業而言，各國的政策法規是硬性障礙。如果準備不充分，「出海」企業很可能遭受重大損失。隨著地區戰爭的升級和國家關係的日益緊張，全球市場的政策風險不斷提升。企業在「出海」的時候，不但要重視當地法

規，而且要建立自己的預警系統，準備隨時應對海外可能出現的問題。

## 出海行銷的四個原則

有效突破這些海外障礙也只是成功的前提，企業要想在海外做好市場行銷，還需要做到以下四點。

第一，選對市場。

選對「出海」的市場最重要。只有市場選對了，才能事半功倍地開創局面。

第二，選對產品。

選對了市場，還要選對和市場吻合度高的產品，這樣才能迅速獲得成功。選對產品並不容易，需要對當地客戶的需求和痛點有深入的了解，而不能只是把在國內賣得好的產品照搬過去。

如果企業對海外客戶的需求不夠了解，可以先入駐跨境電商平臺，比如亞馬遜，看看哪個商品類別賣得好，再決定主打哪款產品。事實上，很多向海外拓展的產品都需要做「在地化」的調整，不然就會「水土不服」。可以說，在地化是在海外做市場行銷的一項重要工作。

第二十講　「出海」企業如何做市場行銷？

第三，選對通路。

要想取得市場突破，除了產品，通路最重要。向海外拓展的企業要決定是走實體通路，還是走線上通路，還是兩者都要。

第四，選對團隊。

毫無疑問，團隊是企業「出海」成敗的關鍵因素。「出海」企業可以外派員工，也可以在海外打造當地團隊。當然，市場行銷一定要形成在地化的營運能力，吸收優秀的當地人才加盟是一個必然的選擇。同時，海外團隊還要和總部協作，這樣才能取長補短，在當地市場形成競爭優勢。因此，建構一支混合團隊是一個合理的選擇。

吸引高品質的當地人才，同時對當地人才進行有效的管理，一直是「出海」企業面臨的難題。例如，不同國家的員工對工作的強度跟狀態接受不不同，這都是需要花時間去協調的。

## B端企業的海外行銷關鍵

除了上述四個要點，對於更為具體的海外市場行銷策略，C端和B端的企業會有很大的不同。對於B端「出海」企業，市場行銷的關鍵是打破信任障礙。一般而言，有兩種

方法：形象行銷和產品創新。

形象行銷，就是努力在客戶心中打造出一個值得信賴的形象。安排客戶參訪是一個很有效的方法，這麼做可以快速打消客戶的顧慮。

其實，對於 B 端企業而言，產品就是最好的行銷工具。所以，產品的突破性創新是打開海外市場的最佳手段。

## C 端企業的海外行銷關鍵

對於 C 端企業而言，最重要的市場行銷工作大致是以下三種。

第一，打造極致產品。

「出海」企業成功的關鍵是「極致產品」，這也是進行市場行銷的最有效手段。這種極致性目前展現在 CP 值、產品多樣性和換代速度。

第二，進行社媒行銷。

社群媒體行銷，一般包括社群媒體、內容行銷、「網紅」行銷和粉絲行銷四個方面。新一代的企業很多都是營運社群媒體行銷的高手。例如，可以先在海外社群媒體上投放廣告，然後和當地 KOL（關鍵意見領袖，key opinion leader）合作宣傳，形成了粉絲群，再利用他們自發創作的內容，不斷

擴大影響力。

第三，關注品牌建設。

海外行銷最終的成功還是要依賴品牌建設。在海外市場，品牌建設不能只是聚焦產品層面的獨特價值主張，還要具有更深層的內涵，也就是要基於信仰、理念和價值觀。這樣才可以和海外廣大客戶產生強烈的共鳴，讓他們對品牌形成一種牢固的情感關聯。

蘋果、Nike、哈雷機車和 lululemon 等企業都是這方面的典範。例如，蘋果的品牌信仰就是「不同凡想」（think different），而 Nike 就是「就去做吧」（Just do it！）。這些品牌理念激發了全球使用者的深層情感，直接促成了這些企業在海外市場的成功。

## 「出海」的在地化策略

在海外做市場行銷，還有一個關鍵，就是要進行「在地化」。在地化有幾個層面，如產品在地化、行銷在地化、團隊在地化和營運在地化。

產品在地化的重要性不用多說。某科技企業在拓展海外市場時並不順利，除了用戶社交關係的遷移成本較高之外，產品在地化不足也是一項關鍵因素。舉例來說，在北美市

場,其應用程式不支援用戶將照片分享到當地常用的社群平臺,表情符號也缺乏當地文化元素。相較之下,另一些平臺在這方面的表現就更加貼近當地使用者的習慣與偏好。

市場行銷的在地化,就是要形成在地化的行銷能力,這點非常重要。因為在地化的行銷能力能夠確保各項行銷活動,像是社群媒體行銷、內容經營、媒體投放、品牌管理、社群管理和公關等,更貼近當地使用者的需求與偏好。當然,在地化行銷需要在地化的團隊和在地化的營運。

「出海」企業在海外做市場行銷的最高境界就是「行銷全球化」,即實現全球市場的整合管理。具體而言,就是全球市場資源、市場人才、市場營運和品牌管理的整合。這樣才能夠確保企業在實現在地化行銷的同時,兼顧全球市場的共同需求,從而可以打造出一個在全球各個市場都具有統一內涵的全球品牌。例如蘋果、Nike、星巴克和微軟等。這樣的企業就是 IBM 提出的「全球整合企業」(globally integrated enterprise)。

# 第二十講 「出海」企業如何做市場行銷？

# 行銷前瞻
# 新媒體時代的新行銷策略是什麼？

## 新媒體時代已經到來

　　進入數位化時代後，新媒體對企業的發展越來越重要，並逐漸成為媒體的主流，幫助企業獲取客戶、擴大知名度和影響力，甚至直接決定企業的市場表現。因此，大批企業建立了營運新媒體的部門，依賴新媒體而實現了迅速崛起。自2016年以來，直播作為新媒體的一種重要創新，更是開創了行銷的新模式，竟然造成了廣大消費者「與其看脫口秀，不如看直播」的現象。

　　新媒體不但能夠幫助企業達成業務的成長，還引發了一場「泛媒體化」革命。所謂「泛媒體化」，就是產品媒體化、個人媒體化、品牌媒體化和企業媒體化。

　　產品媒體化反映出一個大趨勢，即在數位化時代客戶對內容和社交需求更為強勁。產品要成為故事，建構自己的IP，才能在網路上引起廣泛傳播。曾經風靡一時的星巴克貓掌杯就是一個典型的例子。

行銷前瞻　新媒體時代的新行銷策略是什麼？

　　個人媒體化也是新媒體發展帶來的直接結果。在新媒體平臺上，人人都可以成為內容的生產者和傳播者。個人 IP 化成為一種趨勢。理論上，人人皆可成為主播、「網紅」。直播更是一個強大的造星平臺。新媒體打造了一大批 KOC、KOL、「網紅」和直播明星。他們本身就是媒體。

　　品牌媒體化不是指品牌要有故事，而是要不斷生產多元化的高品質內容，涵蓋資訊、娛樂、社交、學習和成長等各個方面，滿足客戶的多重心理需求。因此，品牌 IP 化也日益成為主流。但品牌真正的媒體化需要企業媒體化。

　　企業媒體化是指企業必須具有如媒體公司一般持續生產和輸出內容的能力。最經典的案例就是能量飲料紅牛。紅牛不但是一個生產飲料的企業，還是一個真正的媒體公司。紅牛的媒體公司每年生產出大量原創、優質的內容，然後授權給主流媒體平臺如探索頻道（Discovery Channel）和網飛等進行傳播。目前，紅牛媒體公司旗下包括三個電影頻道、四個印刷媒體和自己的唱片品牌。

　　科技企業在媒體化方面就更加積極。蘋果、亞馬遜等都大力開拓娛樂媒體業務。就連美國家居健身器材企業派樂騰也是靠產出健身相關的高品質內容，使業務有了高速成長，從而不再把自己定義為健身器材的製造商，而是一家媒體公司。

可以看出，在數位化時代，企業媒體化是一個大趨勢。企業意識到和客戶隨時保持關聯，並深刻影響客戶的最佳方法，就是向他們不斷輸出內容。高品質內容才是客戶在任何情境都存在的最大需求。只有具有持續創造高品質內容的能力，企業才能不斷地向客戶提供具有高度黏著度的價值。

泛媒體化的趨勢讓新媒體正成為商業本身。在不遠的將來，客戶打開購物應用軟體後，搜尋的不再是產品，而是人。對於客戶而言，購物體驗將和媒體體驗、娛樂體驗融為一體。在這種情況下，電商和媒體也會徹底融合。目前靜態的產品購物平臺將變成如同有線電視一樣具有眾多直播頻道的動態娛樂性平臺。那時，新媒體平臺很可能透過社交電商來挑戰目前的主流電商。

## 但對於新媒體仍有很多誤解

雖然企業對新媒體的應用越來越廣泛，但是大家對新媒體的理解各有不同。很多人以為新媒體就是一些社群以及主流影音平臺。還有些人對新媒體有更廣泛的定義，認為新媒體不但包括上述傳播平臺，還涵蓋網路社交平臺、資訊平臺、音訊平臺和影片平臺。

其實，新媒體的範圍更廣：除了上述各個傳播平臺之外，還包括各種應用軟體、網路上社群、電子遊戲平臺和虛擬世

界平臺等,自然也包括數位化升級的傳統媒體,如數位電視、數位報刊和數位化廣告牌等。也就是說,只要是數位化技術導向的傳播平臺都可以視為新媒體。

隨著數位化技術和柔性電子技術的發展,新媒體的內涵會更加豐富。當萬物互聯成為現實的時候,各種移動終端,如數位化紙張、數字報紙和穿戴式裝置等,以及人們日常生活中的幾乎所有產品和介面,包括產品數位化包裝和數位化建築的牆壁、天花板和地板,甚至每個人的皮膚都將成為新媒體平臺。新媒體將進入「萬物皆媒體」、「人人皆媒體」和「世界皆媒體」的階段。

對於企業而言,只有打造出一個利用大數據進行的虛實整合的新媒體環境,才能讓新媒體為企業帶來最大的效用。因此,企業對於新媒體的策略規劃和具體營運要從線上平臺逐漸向實體平臺延伸,力求盡快建構一個完整的新媒體生態。這樣定義新媒體也只是從表象上理解新媒體,並沒有掌握新媒體的本質。到底什麼是新媒體呢?

## 新媒體的六大特點

簡單而言,新媒體是線上與實體場域,基於數位化技術的所有傳播平臺。和舊媒體相比,新媒體有六個主要特點(見圖1)。

第一，互動性。

舊媒體是單向輸出，客戶無法參與輸出，因此是靜態的。新媒體是雙向互動式輸出，資訊傳播成為動態過程。所謂「人人都是生產者，人人都是傳播者」。這樣的傳播方式為客戶提供了前所未有的參與感，直接帶來媒體的「黏著度」。

第二，精準性。

舊媒體的傳播方式是「一對多」。因此舊媒體遵循工業化時代的商業邏輯，即生產出標準化的內容去服務資訊需求差異化的大眾市場。新媒體可以透過數位化技術為單個客戶提供「一對一」的精準內容，極大地提升了傳播效果。

第三，社交性。

舊媒體是一個由企業控制的封閉系統，沒有讓客戶參與和分享的意願和技術手段。新媒體基於數位化和網路技術，充分利用口碑傳播的力量，打造「多對多」的傳播方式，因此具有很強的社交性。這種社交提供客戶一種身分定義和歸屬感，從而讓新媒體更深地嵌入客戶的生活中。

第四，即時性。

舊媒體的內容和硬體產品本質上沒有什麼不同，內容生產有固定週期，而且一旦生產出來就無法改動，而新媒體產生的是隨時可以改動和更新的數位化內容，可以按照具體事件和情境的變化提供持續的資訊流。因此，新媒體是真正意

義上的「串流媒體」。

第五,沉浸性。

舊媒體採用單向傳播方式,資訊的表現形式和輸送平臺也比較單一,功能性較強,客戶黏度弱;新媒體則具有豐富的資訊內容,不但集文字、圖片和音訊於一體,而且擁有強大的社交和娛樂功能,讓客戶很容易「上癮」。同時,隨著 AR、VR 和柔性電子等技術的發展,新媒體會透過「萬物皆螢幕」打造出多元立體的媒體體驗,讓客戶身歷其境,流連忘返。

第六,多重性。

舊媒體的主要職能就是資訊傳播,而新媒體具備超越媒體的多重屬性。新媒體不但是資訊平臺,還可以提供服務、商務、社交、娛樂甚至陪伴功能。客戶也不再只把新媒體視為資訊管道,而是獲取多重功能的綜合平臺。

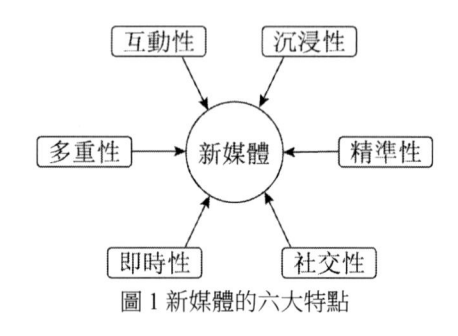

圖1 新媒體的六大特點

因此,新媒體是天生帶有社交基因的「活」媒體。其實,就是這樣說也不完全準確。因為新媒體本質上根本就不是媒

體──它雖然從媒體起步，但很快就演化成一個新物種。要更容易理解新媒體這個新物種，需要先談談近年來開始流行的「新行銷」。

## 新行銷越來越重要

近年來，一大批新銳品牌迅速崛起。這些品牌不依賴廣告宣傳，也不採用傳統管道，而是充分利用網路平臺，聯合KOL 和 KOC（關鍵意見消費者，keyopinion consumer），聚焦客戶需求，透過生成大量高品質內容和客戶頻繁溝通，並為客戶提供優質的線上與實體的整體體驗。在互動中，這些品牌和客戶建立緊密的關聯而促成產品銷售。

很多客戶不但購買產品，而且成了粉絲，形成了活躍的客戶社群，並自發進行傳播，給這些品牌帶來了高速成長。在分銷上，這些品牌仰賴高效率的物流體系，在客戶下單後迅速將產品送達。與此同時，在海外市場上也湧現出一批採用這種市場行銷手段的企業，如美國男性個人護理品牌刮鬍刀新創公司 DollarShave Club、眼鏡品牌 Warby Parker、床墊品牌 Casper Sleep、服裝品牌 Bonobos 和休閒鞋品牌 Allbirds等。這些品牌都依靠網路建構了自身有效迅捷的商業和行銷模式。

行銷前瞻　新媒體時代的新行銷策略是什麼？

如果把工業化時代的行銷稱為「舊行銷」。舊行銷的主要特點是以企業為中心，以生產為基礎，並以產品為導向，而在接觸客戶上，舊行銷可以概括為「廣告為王」和「通路為王」。而上述企業代表的是數位化時代的行銷，是一種和「舊行銷」完全不同的「新行銷」。新行銷的基本邏輯是以客戶為中心，以技術為基礎，並以體驗為導向。可以看出，以「關係為王」，直達客戶的新行銷已經逐漸成為主流。

## 什麼是新行銷？

關於「新行銷」有很多定義。不少人認為新行銷就是關乎情境、IP、社群、人氣商品、內容和社群擴散等。這其實仍是舊行銷的範疇。那什麼是新行銷？

具體來講，這個「新」至少有兩個層面的意思。「新」首先代表一種新技術，也就是說「新行銷」是數位化、網路和人工智慧等先進技術推動的行銷。簡單而言，新行銷就是深度數位化行銷。從技術角度來看，「新行銷」最終會邁向「智慧行銷」。

再者，「新」代表一種新商業邏輯和由此引出的新商業模式，而不是一種新手段或新方法。這個新商業邏輯就是「整合」，而工業化時代的商業邏輯是「切割」。因此，「整合」是

「新行銷」的核心邏輯。具體來講，這個「整合」至少包含六個面向（見圖2）。

第一，媒介通路整合。

這是「新行銷」的初級階段，也就是「資訊觸及」和「產品觸及」的整合。在「舊行銷」時代，資訊和產品是分開的。資訊透過媒體觸及客戶，而客戶進入通路才會形成產品觸及。由於以上兩個步驟在時間和空間上的間隔，資訊觸及往往無法帶來產品觸及。這就是為什麼在工業化時代企業投入大量的媒體資源通常也無法形成行銷效果。

新行銷利用數位化技術將媒介和管道相融合。例如，客戶在購物平臺上看到關於某個產品的宣傳，可以立刻下單購買，即「所看即所買」，從認知直接進入交易。企業的行銷效率也大幅提升。

第二，線上與實體整合。

企業透過高度整合線上和實體通路營運，在客戶端形成無縫銜接的良好體驗，實現無邊界的全通路營運。客戶可以在任何時間和情境，透過任何線上或實體通路，如實體商店、線上商店、社群媒體平臺、穿戴式裝置、虛擬實境硬體或者智慧家居等平臺進行產品體驗、購物、社交、互動和服務獲取。企業透過各管道間的資源共享，使全管道各成員進入相互促進的良性循環。這其實就是「新零售」的核心理念。

行銷前瞻　新媒體時代的新行銷策略是什麼？

第三，客戶需求整合。

舊行銷聚焦向客戶提供解決具體問題的產品和方案，新行銷則力求滿足客戶身、心、靈三個層面的多重需求。因此，新行銷不僅專注於提供優質的產品和服務，還向客戶提供娛樂、社交和學習等多元化功能，向客戶提供滿足他們「總體需求」的一條龍方案。在新行銷時代，企業不但是產品的生產者，也是社交關聯、休閒娛樂和生活意義的提供者。

第四，顧客旅程整合。

一般而言，客戶消費生命週期有五個階段，即知曉、興趣、購買、忠誠和推薦。在舊行銷時代，企業沒有技術手段和組織能力來有效管理這五個階段，只能透過投放廣告聚焦「知曉階段」，無法直接引導客戶的購買和推薦行為，導致行銷效果低下。新行銷透過數位化手段可以對客戶的整體生命週期進行全面管理，即所謂的「全旅程整合行銷」。透過對客戶生命週期的整合化管理，企業可以實現「塑造認知」、「完成交易」和「建立關係」三項關鍵行銷工作的融合，把客戶的整個旅程壓縮為一點，大幅提升行銷效率。

第五，價值連結整合。

大致而言，一個企業的市場行銷由以下五個關鍵步驟組成，即定義價值、創造價值、傳播價值、交付價值和升級價值。這就是市場行銷的價值連結。在舊行銷時代，這些步驟

的發生有先後次序，而且由企業的不同部門負責，直接導致部門之間的配合失調，同時走完整個價值鏈的時間也比較長。

在新行銷時代，透過線上與實體整合，企業可以隨時獲取全方位的客戶資訊，從而即時而精準地洞察客戶需求，同時將這些洞察即時回饋給產品研發和生產製造部門，用最快的速度實現價值創造。然後企業利用全通路快速完成對客戶的資訊觸及和產品觸及，完成價值傳播和交付。企業也可以在同一時間和客戶展開互動，建立良性關係，實現顧客價值的升級，並引發客戶的推薦和宣傳。

第六，職能部門整合。

在舊行銷時代，企業內部的各職能部門被「部門隔閡」分割。而新行銷要求客戶連結和價值連結的整合。為實現這個目標，企業必整合內部職能部門，並由市場行銷部引導各部門的決策和行為。企業內部整合的第一步就是建立一個可追溯的供應鏈系統，也就是說，一個商品從生產到銷售的各個環節都可以在線上資訊系統中被看見，而實現透明化，然後在深度數位化轉型的過程中，實現各個部門的線上化和線上連結。

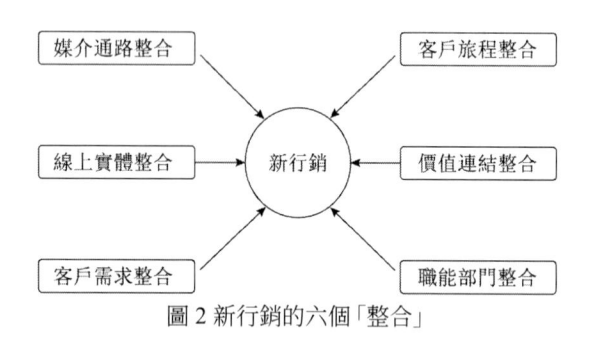

行銷前瞻　新媒體時代的新行銷策略是什麼？

圖2 新行銷的六個「整合」

（媒介通路整合、客戶旅程整合、線上實體整合、價值連結整合、客戶需求整合、職能部門整合 → 新行銷）

當然，企業內部整合只代表「新行銷」的初級階段。真正成功整合的企業還需要實現 BC 端整合，也就是打通廠家、經銷商、零售商和客戶的資訊連結，實現整體商業生態系統的整合，最終形成主體企業、共生企業和最終客戶構成的高度整合、互為依賴、共生共榮的利益共同體。這樣，在彈性供應鏈的支撐下，企業生態系統就可以建構一個真正由客戶導向（C2B）的商業模式，進入具有「社群商務」特徵的「新行銷」的更高階段，即客戶企業整合。這樣看來，新行銷就是客戶導向的「整合」行銷。

## 新媒體就是新行銷的實施平臺

再回到新媒體。前面說過新媒體根本就不是媒體。那它到底是什麼？我們來看看新媒體正在做什麼。毫無疑問，新媒體的確在承擔媒體的功能，這也是大家所熟悉的新媒體面

貌。但與此同時，新媒體還提供服務，例如客服資訊，以及更為複雜的全自動化服務操作。另外，企業還可以在其中建立客服體系，進行社會化客戶關係管理系統（social CRM）的運作。多年來遠離社群媒體的蘋果在 2016 年首次開通推特帳號時，也是將其作為一個客服平臺。

當然，和舊媒體最大的不同是，新媒體還有電商功能。對企業而言，這是新媒體最具生命力的特徵。影片媒體平臺也具有電商功能，尤其是直播，作為近年來新媒體最重要的創新，電商功能更是極其強大。

所以，新媒體至少具有三大屬性，即媒體屬性、服務屬性和電商屬性。當然，新媒體也可以扮演企業官網的角色，具有一定的品牌屬性。因此，新媒體本質上根本就不是媒體，它的作用遠遠不只是傳播，更具有豐富的多重功能。

這些多重功能讓新媒體完全可以實施「媒介管道整合」和「客戶連結整合」的運作。隨著相關技術的發展，在不遠的將來，新媒體將具有承載「客戶需求整合」和「價值連結整合」的能力，並透過客戶的力量引導企業實施「職能部門整合」。

例如，在影音平臺直播集網路公關、品牌推廣、客戶洞察、商品促銷、產品銷售、客戶服務和關係管理等功能於一身，充分展現了新媒體整合營運的能力。可以設想的是，隨著直播的發展，新媒體還將成為企業的品牌載體、市場研究

平臺和研發窗口。到那個時候，每個直播間都是一家「麻雀雖小，五臟俱全」的微型企業。

直播也會帶來一種客戶－直播主－產品模式，也就是客戶導向的 C2B 模式。在這種模式下，企業透過一定數量的直播帳號感知和預知市場需求，進行快速研發和生產，並交付精準的個人化價值，同時透過向客戶提供社交、娛樂和文化等多元內容，和客戶建立緊密的一對一關係，還可以打造出具有強關聯度的活躍客戶社群。最終促成各個層面的整合營運。可以說，直播頻道就是實踐「新行銷」整合營運的最小單位。直播將成為企業和商業的常態。

這樣看來，新媒體根本不是媒體，新媒體就是新行銷。具體來講，新媒體是一個即時感知市場需求，快速實現多元化價值傳播，同時建構緊密客戶關係的整合平臺。簡言之，新媒體就是市場資訊輸入和顧客價值輸出的動態即時介面。

## 新媒體的四個演進階段

當然，新媒體真正成為新行銷的主體是一個不斷演化的過程。這個過程大致可以分為四個發展階段（見圖 3）。

第一個階段是「媒體為媒體」階段。在這個階段，新媒體主要承載媒體功能，聚焦資訊和內容的生產和傳播。早期的

數位化媒體包括社群媒體都處於這個階段。

　　第二個階段是「媒體為商務」階段。這個時候，新媒體具有服務功能和電商功能，具有針對客戶端的整合能力，如媒介管道整合和客戶連結整合。這也是目前所有新媒體所處的階段。

　　第三個階段是「媒體為企業」階段。這個階段的新媒體將演化為一個功能齊備的微型企業，承載一個企業價值的定義、創造、交付和維護等所有核心功能。另外，新媒體將在客戶端和企業端同時實現整合營運，如價值連結整合和職能部門整合等。這將是目前各個新媒體平臺演進的下一個階段。在這個階段，新媒體將完全和新行銷重合，並成為牽動企業所有功能的「中樞神經」。

　　第四個階段是「媒體為世界」階段。這代表新媒體和新行銷的最高階段。這個階段的基礎是萬物連網、大數據、人工智慧和虛擬實境等先進技術。在這些高科技的承載下，整個物理世界將完成深度數位化和智慧化，真正實現「萬物皆螢幕」。客戶和周邊環境隨時互動，並獲取持續的資訊流和價值流。與此同時，虛擬世界的元宇宙也將和現實世界相融合，共同形成一個時刻感知客戶並服務客戶的全方位智慧媒體世界。

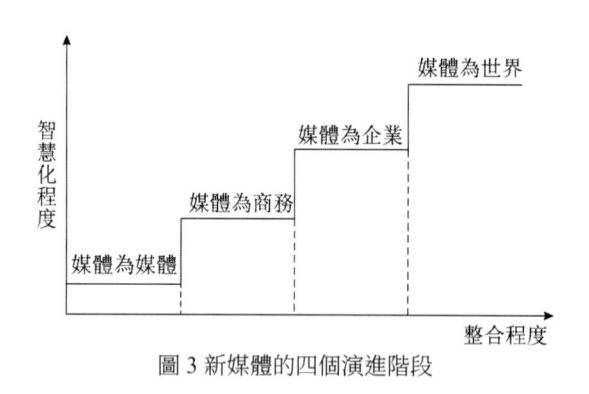

### 行銷前瞻 新媒體時代的新行銷策略是什麼？

圖 3 新媒體的四個演進階段

毫無疑問，人類社會已經進入充滿顛覆、機遇和想像力的「新媒體時代」。要實踐新行銷，企業就需要從更高層次理解新媒體。

第一，新媒體是一個企業策略，而不是操作層面的戰術。

可以看出，物理世界和企業數位化的過程本質上是媒體化的過程。數位化提供了直達客戶的通道，而高品質內容則是客戶永不疲倦的需求。新媒體促使企業進行深度數位化，同時更加關注內容的生產和傳播。企業的內涵也因此發生了巨大的變化，從工業化時代的產品生產者到新媒體時代的產品和內容製造商。在新媒體時代，任何一個企業都要成為軟硬兼備的複合型組織，同時具有生產高品質產品和內容的能力。這種企業轉型是一個組織最核心的策略問題，必須由決策高層來設計和推動。因此，新媒體策略不是媒體和傳播策略，而是企業轉型策略。

新媒體時代的企業不但要生產高品質的產品和服務，還要聚焦高品質內容的生產和傳播。因此，企業要進行深度轉型，成為像紅牛那樣軟硬兼備的複合型組織，同時具有生產高品質產品和內容的能力。這種企業轉型是一個組織所面臨的核心策略問題，必須由決策高層來設計和推動。所以，新媒體不是操作層面的戰術，而是企業轉型策略。

　　第二，新媒體不是一個工具，而是一種商業模式。

　　如果只把新媒體視為一種工具，只是發揮了它最低的傳播功能。其實，新媒體是催生商業模式創新的加速器。新媒體不是一種新的媒體平臺和內容方式，而是代表一種新的商業邏輯，即「客戶導向」和「整合營運」。因此，企業需要圍繞新媒體和新行銷的邏輯重構自身的組織文化、商業模式、組織能力和架構，並在這個基礎上建構深度整合、共生合作的商業生態系統。

　　第三，新媒體需要建構立體化的新媒體生態，而不只是平面的新媒體布局。

　　新媒體要建構功能齊全的商業生態系統，從而實現新行銷的整合營運。這才是使用新媒體進行市場行銷的最佳狀態。因此，所謂的新媒體生態其實就是新行銷生態，包括所有向客戶提供總體價值的參與企業。企業不能局限於建構基於網路平臺的新媒體布局，而要打造出一個以大數據為基礎，虛實整合的多層次新媒體生態系統。

第四,新媒體需要具有多元能力的複合型人才。

目前的新媒體營運人才所具備的能力主要和傳播媒體有關,如內容生產和營運、編輯排版和行銷策劃等。隨著新媒體成為新行銷的主要平臺,新媒體人才必須具備策略思考能力、商業模式創新能力、數位化能力和生態系統管理能力等。其實,新媒體人才就是新行銷人才,今後他們會越來越成為企業營運的核心人才,引導企業在「客戶導向」時代獲得成功。

## 元宇宙是新媒體的最終形態

在人工智慧技術的推動下,新媒體一定會演進成智慧化媒體,而新行銷自然也進入智慧行銷階段。到了那個時候,新媒體這個概念將不再存在,人類社會也將進入「萬物皆媒體」和「世界皆媒體」的境界。可見,世界終將媒體化,而元宇宙就是媒體化世界的終極表現形式。在元宇宙的世界裡,參與者沉浸在完全數位智慧化的世界中,時刻從五感接受各種形態的資訊流而不斷塑造或重塑認知、記憶、感受和觀念。可以說,作為一個極其真實的媒體世界,元宇宙對參與者的喜好和行為具有絕對的影響力和控制力。

在元宇宙的早期,它和現實世界是獨立存在的,元宇宙

的重點是複製現實世界的規則、理念和信仰。隨著元宇宙的演化，它將和現實世界深度融合。不但如此，元宇宙會創造出一種新的思想系統、信仰體系和文明形態，並反客為主重塑現實世界，重新定義商業、國家、道德倫理和信仰的一切原則。因此，在元宇宙時代，媒體的作用不是傳播資訊、承載娛樂，而是創造意義、建構思想和精神的世界，為民眾建構一個完整的精神家園。這才是新媒體的最高策略。

毫無疑問，在一個逐漸媒體化、虛擬化的世界裡，意義只會變得更加重要。新媒體策略的重點也會從休閒、娛樂、社交和商務演化為思想和意義的創造和傳播。這樣看來，在後數位化時代，泛媒體化帶來的這個前所未有的挑戰和機會，會讓新媒體的作用愈發重要，甚至直接決定企業和國家的成敗。因此，不僅是企業和企業家們，政府也必須為此做好充分的準備。

行銷前瞻　新媒體時代的新行銷策略是什麼？

# 參考書目

Anderson, James C., James A. Narus, and Das Narayandas. Business Market Management[M]. the 3rd Edition. New Jersey: Pearson, 2009.

Barden, Phil. Decoded: The Science Behind Why We Buy[M]. New York: John Wiley & Sons, 2013.

Eyal, Nir. Hooked[M]. London: Portfolio Penguin, 2014

Fader, Peter. Customer Centricity[M]. Philadephia: Wharton Digital Press, 2012.

Godin, Seth. This Is Marketing[M]. London: Penguin Business, 2018.

Keller, Lane Kevin., and Vanitha Swaminathan. Strategic Brand Management: Building, Measuring, and Managing Brand Equity[M]. New Jersey: Pearson, 2019.

Kotler, Philip., and Gary Armstrong. Principles of Marketing[M]. the 18th Edition,. New Jersey: Pearson, 2020.

Kotler, Philip., and Kevin Lane Keller. Marketing Management[M]. the 15th Edition. New Jersey: Pearson, 2016.

## 參考書目

Kotabe, Masaaki., and Kristiaan Helsen. Global Marketing Management[M]. the 8th Edition. New York: John Wiley and Sons, 2021.

Norman, Donald A. Emotional Design[M]. New York: Basic Books, 2004.

Sharp, Byron. How Brands Grow[M]. Oxford: Oxford University Press, 2010.

包政,行銷的本質 [M]。北京:機械工業出版社,2019。

柏唯良,細節行銷 [M]。北京:機械工業出版社,2009。

王澤蘊,不做無效的行銷 [M]。北京:中國友誼出版公司,2017。

于勇毅,大數據行銷 [M]。北京:電子工業出版社,2017。

鄭毓煌,行銷:人人都需要的一門課 [M]。北京:機械工業出版社,2016。

鄭毓煌、蘇丹,理性的非理性 [M]。北京:中信出版集團,2016。

# 致謝

　　這本書的出版是很多人共同努力的結果。

　　首先，要感謝王欣女士和湯嘉女士。正是在她們的鼓勵和支持下，我開始了這本書的寫作。在寫作過程中，秦瑩女士提供了大量的回饋建議，為書稿的順利完成做出了顯著的貢獻。在這本書的策劃階段，趙慧君女士也提供了非常有益的幫助。在此，向秦女士和趙女士表達誠摯的謝意。

　　出版社編輯朱曉瑞先生也為這本書的順利出版付出了很多努力。他在我修改書稿的過程中，不斷為我提供很有價值的修改建議，讓這本書的呈現方式更加合理和完善。而且，他還仔細閱讀並編輯了書稿，確保不出現文字錯誤等問題。另外，還要感謝出版社的宋冬雪女士，她對我最初選擇出版社的決定產生了關鍵的作用。呂顏冰女士在本書圖表的製作上，提供了我很多建議和幫助，在此也表示衷心感謝。

　　我還要感謝我的妻子劉婭女士。她在我寫作的過程中，負擔起了家裡的絕大部分事務，讓我能夠安心工作。在書稿校對階段，她也利用零碎時間，逐字逐句地閱讀並校對書稿，幫我節省了大量時間。沒有她的全力支持和付出，這本書無法這麼快順利問世。

## 致謝

　　最後，我還想感謝這些年教過的學生們。正是他們對知識的興趣和對解決問題的熱情，激勵著我不斷地學習和思考市場行銷領域的各個課題。可以說，他們才是我的老師。我在此對他們一併表示感謝。

國家圖書館出版品預行編目資料

行銷關鍵二十問：精準定位 × 體驗設計 × 品牌溝通 × 數位整合，從顧客需求到品牌信任，打造以人為本的行銷系統 / 尹一丁 著. -- 第一版. -- 臺北市：沐燁文化事業有限公司，2025.07
面；　公分
POD 版
原簡體版題名：市场营销二十讲
ISBN 978-626-7708-46-0( 平裝 )
1.CST: 行銷學
496　　　　　　　　114009778

# 行銷關鍵二十問：精準定位 × 體驗設計 × 品牌溝通 × 數位整合，從顧客需求到品牌信任，打造以人為本的行銷系統

作　　者：尹一丁
發 行 人：黃振庭
出 版 者：沐燁文化事業有限公司
發 行 者：崧燁文化事業有限公司
E - m a i l：sonbookservice@gmail.com
粉 絲 頁：https://www.facebook.com/sonbookss/
網　　址：https://sonbook.net/
地　　址：台北市中正區重慶南路一段 61 號 8 樓
8F., No.61, Sec. 1, Chongqing S. Rd., Zhongzheng Dist., Taipei City 100, Taiwan
電　　話：(02) 2370-3310　　　傳真：(02) 2388-1990
印　　刷：京峯數位服務有限公司
律師顧問：廣華律師事務所 張珮琦律師

-版權聲明-

原著書名《市场营销二十讲》。本作品中文繁體字版由清華大學出版社有限公司授權台灣沐燁文化事業有限公司出版發行。
未經書面許可，不得複製、發行。

定　　價：375 元
發行日期：2025 年 07 月第一版
◎本書以 POD 印製